AF765101

DAS VESPA SCHRAUBERHANDBUCH

Impressum

HEEL Verlag GmbH
Gut Pottscheidt
53639 Königswinter
Tel.: 02223 9230-0
Fax: 02223 9230-26
info@heel-verlag.de
www.heel-verlag.de

Deutsche Ausgabe:
© 2015 HEEL Verlag GmbH
5. Auflage 2021

Der Originaltitel „How to restore Classic Smallframe Vespa Scooters" ist erschienen bei:
Veloce Publishing Limited
Parkway Farm Business Park
Middle Farm Way
Dorchester, Dorset, DT1 3AR
England

© 2013 Mark Paxton und Veloce Publishing Ltd.

Alle Rechte, auch die des Nachdrucks, der Wiedergabe in jeder Form und der Übersetzung in andere Sprachen, behält sich der Herausgeber vor. Es ist ohne schriftliche Genehmigung des Verlages nicht erlaubt, das Buch und Teile daraus auf fotomechanischem Weg zu vervielfältigen oder unter Verwendung elektronischer bzw. mechanischer Systeme zu speichern, systematisch auszuwerten oder zu verbreiten. Ebenso untersagt ist die Erfassung und Nutzung auf Netzwerken, inklusive Internet, oder die Verbreitung des Werkes auf Portalen wie Googlebooks. Alle Angaben ohne Gewähr!

Übersetzung ins Deutsche: pistone

Lektorat: Jost Neßhöver

Titelfoto: Dieter Rebmann

Printed in Czech Republic

ISBN: 978-3-95843-043-3

Warnhinweis:
Dieses Buch soll Hilfe zur Selbsthilfe sein. Die hierin veröffentlichten technischen Ratschläge entsprechen nicht immer den üblichen Handwerksregeln.
Für etliche technische Ratschläge in diesem Buch wird handwerkliches Grundwissen vorausgesetzt, ohne das man die entsprechenden Arbeiten nicht angehen soll.
Im Zweifelsfall sollte man vor Durchführung von technischen Arbeiten immer einen geschulten Spezialisten zu Rate ziehen und die Arbeiten nicht selbst durchführen.
Etliche Ratschläge können bei fehlerhafter Ausführung unter bestimmten Umständen zu erheblichen Folgeschäden führen.
Autor, Übersetzer und Verlag lehnen daher ausdrücklich jede Haftung für die veröffentlichten Arbeitsanweisungen und daraus gefolgerte Schlüsse ab. Für alle anhand dieses Buches ausgeführten Arbeiten übernimmt der durchführende Schrauber, Bastler oder Mechaniker das alleinige und uneingeschränkte Risiko. Ebenso ist die Haftung des Autors, Übersetzers und Verlags für Druckfehler, Schreibfehler und sachliche Fehler jeder Art ausdrücklich ausgeschlossen.
Beim vorliegenden Handbuch handelt es sich um eine Übersetzung aus dem Englischen.

Mark Paxton

DAS VESPA SCHRAUBERHANDBUCH

REPARIEREN UND OPTIMIEREN LEICHT GEMACHT

HEEL WERKSTATT

Inhalt

Einleitung

Ende der 1950er Jahre brach der Rollermarkt dramatisch ein, da mehr und mehr Menschen sich den Luxus eines Autos leisten konnten. Das Erscheinen des Fiat 500 und des Mini brachte dann frischen Wind in die bis dahin eher biedere Kleinwagenklasse. So musste sich Piaggio – wie alle anderen Rollerhersteller – etwas einfallen lassen, um den Einbruch aufzufangen. Am Ende erwies sich die Sache als recht einfach, weil in Italien Jugendliche bereits ab 14 Jahren Zweiräder mit 50 cm^3-Motor fahren durften – führerscheinfrei. Auf den Zug sprangen die Piaggiomacher gleich auf und schufen so die heute landauf, landab Smallframe genannte kleine Rollervariante. Die war zunächst als 90er geplant und später auch noch als 125er erhältlich.

Erfolg stellte sich sofort ein und hielt enorm lange an. Das lag nicht nur an der Popularität bei den Jugendlichen. Schnell weckte die Kombination aus kompakten Abmessungen und einem gut zu frisierenden Motor starkes Interesse. Das Design erwies sich als zeitlos und langlebig; von der Vorstellung 1963 an blieb die Smallframe-Vespa in einigen europäischen Ländern, darunter Deutschland, bis 1986 erhältlich. Und selbst danach war die Erfolgsgeschichte noch nicht vorbei, denn die Nachfrage in Japan ließ den Roller Anfang der 1990er Jahre für ein letztes Aufblühen wieder erscheinen. Einige Exemplare wurden als Special Revival nach Deutschland importiert, andere tauchten in weiteren Ländern auf, aber nicht als offizielle Piaggio-Produkte.

Eins steht jedenfalls fest: Die gute alte Smallframe macht auch heute noch viel Spaß. Die Roller haben in großen Stückzahlen überlebt, und enthusiastische Clubs sowie engagierte Händler kümmern sich um den Erhalt und um die Ersatzteilnachfertigung. Aus Südeuropa wird mittlerweile Nachschub für reichlich Restaurationsprojekte importiert. Die Preise ziehen allerdings kräftig an, was zumindest den netten Nebeneffekt hat, dass die (vergleichsweise günstige) Restaurierung im Falle des Wiederverkaufs kein unnötig tiefes Groschengrab sein muss.

Vor dem Kauf eines Smallframe-Modells sollte man sich mit den verschiedenen Varianten auseinandersetzen, da manche Teile schwieriger erhältlich und damit auch erheblich teurer sind.

RAHMENNUMMERN

Die Rahmennummer ist auf der rechten Fahrzeugseite im Rahmen des Motordeckels eingestanzt. Je nach Landesausführung ist ein zusätzliches geprägtesTypenschild aus Aluminium neben dem Benzinhahn aufgenietet. Die Rahmennummer beinhaltet den Modellcode, in dem sich der Buchstabe „T“ für Rahmen findet (z.B. V5A1T), gefolgt von einem Stern und einer vier- bis sechsstelligen Nummer sowie einem weiteren Stern.

Modell	Rahmen-Nr.	Baujahr
50 N	V5A1T	1963-1971
50 S	V5SA1T	1963-1984
50 L	V5A1T	1966-1970
50 R	V5A1T	1969-1983
50 Special	V5A2T	1969-1982
50 Special	V5B1T	1972-1985
50 Special	V5B3T	1975-1983
90	V9A1T	1963-1984
V100	V9B1T	1978-1984
125 Nuevo	VMA1T	1965-1967
Primavera	VMA2T	1967-1983
ET3	VMB 1T	1976-1983

MOTORNUMMERN

Der Motorcode und die Motornummer sind auf der Motorrückseite neben der Öleinfüllbohrung eingeschlagen. Auch hier findet sich der Modellcode wie bei der Rahmennummer, allerdings ersetzt ein „M“ das „T“, gefolgt von

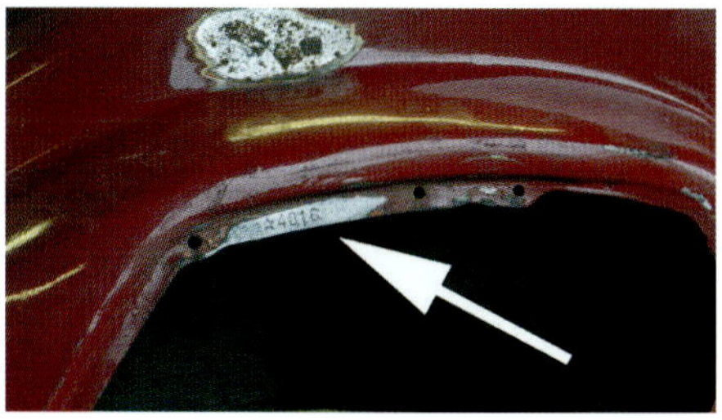

Die Rahmennummer ist ins Blech des Rahmens für den Seitendeckel eingeschlagen.

einer vier- bis sechsstelligen Nummer zwischen zwei Sternen. Im Internet finden sich einige Seiten, auf denen Rahmen- und Motornummer gegengeprüft werden können, um einen Hinweis auf das Herkunftsland des Rollers zu erhalten.

TEILE

Leider stellt die Ersatzteilqualität ein großes Problem für den Restaurierer dar, und man sollte Vorsicht walten lassen, bevor das sauer verdiente Geld ausgegeben wird. Der beste Weg ist, möglichst viele Originalteile eines Rollers zu erhalten und aufzuarbeiten. Das

Die Motornummer findet sich auf der Motorrückseite auf einem überstehenden flachen Anguss neben der Öleinfüllbohrung.

scheint anfangs nicht sehr kostensparend zu sein, da viele neue Teile billig angeboten werden, aber auf lange Sicht kann sich die Aufarbeitung als wirtschaftlicher erweisen.

Begutachten Sie vor dem Kauf die Teile gründlich, und aus diesem Grund empfiehlt sich der Besuch Ihres örtlichen Vespa-Händlers. Die gute Nachricht ist, dass bis hin zu den ausgefallendsten Anbauteilen nahezu alles für die Roller erhältlich ist, und das – im Vergleich zu modernen Fahrzeugen – zu annehmbaren Preisen. Die Smallframe-Modelle haben eine große Anhängerschar, und die Anbieter fertigen Teile nach, sobald die Originalbestände aufgebraucht sind.

ÜBER DIESES BUCH

Bitte suchen Sie hier nicht nach den allerspeziellsten Informationen zu allen, und seien sie noch so ausgefallen und selten, Versionen, die jemals gebaut wurden. Dieses Schrauberhandbuch stellt vielmehr die wesentlichen Arbeiten in möglichst vielen Details dar. Hilfreich ist ergänzend ein Ersatzteilkatalog für Ihr spezielles Smallframe-Modell, den es gedruckt im Handel oder aber im Internet gibt. Meist finden sich dort auch eine Menge zusätzlicher Schraubertipps eigens zu gewissen Spezialteilen, die den Rahmen dieses Buchs gesprengt hätten.

Falls es um genaue Originalspezifikationen geht, empfiehlt sich der Blick in die Bücher Vespa Tecnica 2 und 3, die freilich nicht ganz billig sind. Sie behandeln die Smallframe-Periode und zeigen die Roller in ihrem Originalzustand. Band 6 enthält zudem den kompletten Farbfächer aller Modelle bis 1976.

Alle hier gezeigten Arbeiten hat der Autor selbst erledigt, denn die Erfahrungen einer Restaurierung muss man erst einmal selbst gemacht haben. Die gezeigten Arbeitsweisen mögen sich in Details von anderswo empfohlenen gelegentlich unterscheiden; sie haben aber alle einwandfrei funktioniert.

Auf Tuning wurde nicht näher eingegangen. Wer seinen Roller schneller machen will, hat dazu unglaublich viele Möglichkeiten – und kann das in allen Preisklassen tun. Einige grundlegende Modifizierungen, mit denen sich der Alltagsbetrieb einer alten Vespa erleichtern lässt, werden dagegen behandelt.

Am besten lesen Sie das Buch erst einmal vollständig durch, um ein Gefühl für das Vorhaben zu bekommen und steigen dann beherzt in Ihr Projekt ein. Gelegentlich werden in den Bildern Teile gezeigt oder besprochen, die bis dahin im Text nicht erwähnt wurden. Das ist der Tatsache geschuldet, dass es zum Beispiel verschiedene Vorgehensweisen beim Überholen des Motors gibt. Am besten halten Sie sich zunächst an die Tipps aus diesem Buch, bevor Sie vielleicht eigene Vorlieben umsetzen.

Sammeln Sie alle verfügbaren Informationen über den von Ihnen gewählten Rollertyp. Im Verlauf der Restaurierung kann sich alles als brauchbar erweisen.

Diese Vespa war Gegenstand der Restaurierung, die auf diesen Seiten beschrieben wird. Kaum zu glauben, aber der Motor war zunächst eine lose Teilesammlung in einem Karton. Mit den im Buch beschriebenen Arbeitsweisen ließ sich die einigermaßen traurige Substanz schließlich in den abgebildeten Zustand versetzen.

PLANUNG

Die gesamte Restaurierung ist ein Balanceakt zwischen den Faktoren Zeit, Geld und Fähigkeiten, wobei die Gewichtungen bei jedem Restaurierer verschieden sind. Die für die Überholung einer Smallframe-Vespa erforderlichen handwerklichen Fertigkeiten lassen sich eigentlich von jedermann erwerben – ob Sie allerdings die Zeit und die Muße dazu haben, steht auf einem anderen Blatt.

Vespas lassen sich leicht in größere Baugruppen zerlegen, an denen dann einzeln weitergearbeitet werden kann. Fotografieren Sie Ihre Arbeit so gut und häufig wie möglich, da die Bilder als Gedächtnisstütze dienen, wenn Sie sich beim Zusammenbau genau daran erinnern müssen, wo ein Seilzug verlief und welche Scheibe wo untergelegt war. Ein

Notizblock ist ebenfalls empfehlenswert, um benötigte Teile gleich aufzuschreiben.

Der wesentliche Punkt bei jeder Restaurierung ist, die Arbeiten möglichst nicht allzu lange zu unterbrechen. Auch kleine Fortschritte sind wichtig, und sobald der Schwung fehlt, stagniert die Sache bald. Da wird es dann schwierig, den anfänglichen Enthusiasmus wiederzubeleben. Ein Blick auf die vielen unvollendeten Restaurierungsobjekte, die zum Kauf angeboten werden, bestätigt das.

WERKZEUG

Für die Restaurierung sind nur einige wenige Spezialwerkzeuge erforderlich; sie sind im Text erwähnt. Ihre Anschaffungskosten halten sich in Grenzen, und falls Sie nur einen Roller aufarbeiten wollen, können sie gleich danach wieder weiterverkauft werden. Rahmenreparaturen erfordern den Zugang zu einem Schweißgerät, für die Lackierung benötigt man einen Kompressor samt Spritzpistole. Selbst Heimwerkerausführungen sind eine beträchtliche Investition, sparen aber auf lange Sicht Geld.

Das Werkzeug sollte von guter Qualität sein, schlechtes sorgt unweigerlich für Frust und Ärger. Da Sie ohnehin nicht viel Werkzeug benötigen, wird auch sehr gutes Werkzeug kein allzu großes Loch ins Budget reißen. Es ist viel sinnvoller, das Geld für eine gute Ratsche und eine Handvoll qualitativ hochwertiger Stecknüsse auszugeben, als einen gigantischen und vermeintlich günstigen Satz mit Größen zu kaufen, die Sie niemals brauchen werden. Billiges Werkzeug geht schnell kaputt und – wenn es auf festgerosteten Schrauben plötzlich durchrutscht – auch auf die Knochen.

ARBEITSSICHERHEIT

Bei der Restaurierung eines Fahrzeugs – und sei es so ein kleines Objekt wie die Vespa – herrscht immer mal wieder Verletzungsgefahr. Arbeiten Sie nicht hastig, nehmen Sie sich die Zeit, um die anstehende Arbeit einzuschätzen und mögliche daraus entstehende Risiken zu erkennen. Lesen Sie die Bedienungsanleitungen von Werkzeugen vor dem Benutzen durch.

Stromschläge sind lebensgefährlich, daher ist ein FI-Schutzschalter beim Gebrauch von Elektrogeräten absolut erforderlich. Vor dem Arbeiten sollte der Kraftstoff abgelassen und nur in einem dafür ausgewiesenen Benzinkanister aufbewahrt werden. Mindestens ein Feuerlöscher sollte stets griffbereit stehen. Schweißen und Schleifen können zu Funkenflug über etliche Meter führen, daher muss brennbares Material außerhalb der Reichweite sein.

Planen Sie am Ende jedes Arbeitstags eine halbe Stunde zum Aufräumen und Reinigen des Werkzeugs ein. Falls es Glutnester in der Werkstatt gibt, sollten die sich ebenfalls in dieser Zeit zeigen. Schützen Sie Augen und Lunge vor Funken und Staub und denken Sie an die Asbestgefahr, die alte Bremsbeläge in sich bergen. Tragen Sie feste Arbeitskleidung und stabiles Schuhwerk. Reiben Sie vor der Arbeit Ihre Hände mit Hautschutzcreme ein und verwenden Sie nach der Arbeit ein geeignetes Handwaschmittel sowie eine Hautpflegecreme. Denken Sie auch an den Umweltschutz und entsorgen Sie Altöl und Abfälle ordnungsgemäß.

WARNHINWEIS

Dieses Buch soll Hilfe zur Selbsthilfe sein. Die hier veröffentlichten technischen Ratschläge entsprechen nicht immer den üblichen Handwerksregeln. Für etliche technische Ratschläge in diesem Buch wird handwerkliches Grundwissen vorausgesetzt, ohne das man die entsprechenden Arbeiten nicht angehen soll. Im Zweifelsfall sollte man vor Durchführung von technischen Arbeiten immer einen geschulten Spezialisten zu Rate ziehen und die Arbeiten nicht selbst vornehmen. Etliche Ratschläge können bei fehlerhafter Ausführung unter bestimmten Umständen zu erheblichen Folgeschäden führen. Autor, Übersetzer und Verlag lehnen daher ausdrücklich jede Haftung für die veröffentlichten Arbeitsanweisungen und daraus gefolgerte Schlüsse ab. Für alle anhand dieses Buches ausgeführten Arbeiten übernimmt der durchführende Schrauber, Bastler oder Mechaniker das alleinige und uneingeschränkte Risiko. Ebenso ist die Haftung des Autors, des Übersetzers und des Verlags für Druckfehler, Schreibfehler und sachliche Fehler jeder Art ausdrücklich ausgeschlossen. Beim vorliegenden Handbuch handelt es sich um eine Übersetzung aus dem Englischen.

DANKSAGUNG

Bei jeder Restaurierung ist eine helfende Hand hilfreich, sei es, um eine widerspenstige Verschraubung zu lösen oder um eine Meinung über den wirklich kratzerfreien Zustand der zur Lackierung vorbereiteten Oberfläche einzuholen. Mein Dank geht wieder einmal an meinen Freund Tom, der mir praktisch in jeder Restaurierungsphase mit Rat und Tat zur Seite stand.

Kapitel 1
Motor-Getriebeeinheit

EIN PAAR WORTE ZU BEGINN ...

Die Vespa-Smallframe-Modelle lassen sich im Grunde genommen einfach zerlegen und wieder zusammenbauen. Um den Arbeitsablauf zu erleichtern, sollten Stifte und Papier sowie eine Digitalkamera bereitliegen, um während des Zerlegens Notizen und vor allem genügend Bilder machen zu können. Was beim Auseinandernehmen des Motors noch völlig einleuchtend erschien, ist beim späteren Zusammenbau schlimmstenfalls eine Ansammlung loser Teile, die scheinbar überhaupt nicht mehr zusammenpassen – es sei denn, man kann einen Blick auf den ursprünglichen Zustand werfen. Hilfreich ist auch das Ablegen der Baugruppen in entsprechend beschriftete Tüten oder Schachteln. Schon beim Zerlegen sollte jede Komponente eingehend überprüft und eine Liste über eventuell erforderlichen Eratz erstellt werden. Das mag den Fortgang zuerst verlangsamen, spart aber unterm Strich viel Zeit und Geld. Ein Motorständer ist nicht unbedingt erforderlich, erleichtert aber das Arbeiten.

Die Ölablassschraube zeigt freundlicherweise das Wort „Olio". Abgelassenes Öl ist umweltgerecht zu entsorgen.

Aushängen der Seilzüge: Ein Schraubnippel für den Kupplungszug (gelber Pfeil), zwei für die Schaltzüge (weiße Pfeile) und eine Mutter für den Bremszug der Hinterradbremse.

MOTORAUSBAU

Der Motorausbau ist nicht weiter schwierig. Nachdem der Seitendeckel entfernt wurde, kann das Getriebeöl abgelassen werden. Damit wird späteres unkontrolliertes Auslaufen vermieden. Ein ausgedienter halbierter Ölkanister hat die richtige Größe, um das Altöl aufzufangen. Nehmen Sie das Werkzeugfach unter der Sitzbank heraus, dann lässt sich die Vergaserklemmschelle (Schlüsselweite SW 8 mm) von innen lösen.

Verteilerdose: Lösen Sie den Deckel des Kabelkästchens und trennen Sie die Kabelverbindungen. Je nach Baujahr sind die Anschlüsse geschraubt oder gesteckt.

Wer sich die Mühe macht, den Benzintank auszubauen, erleichtert sich dadurch die Arbeit natürlich sehr. Der Vergaser kann jetzt noch in der Karosserie bleiben. Im nächsten Schritt werden die elektrischen Steckverbindungen getrennt, die sich in dem Kabelkästchen auf der Schwinge befinden. Dabei die Zuordnung beachten – die einzelnen Kabel

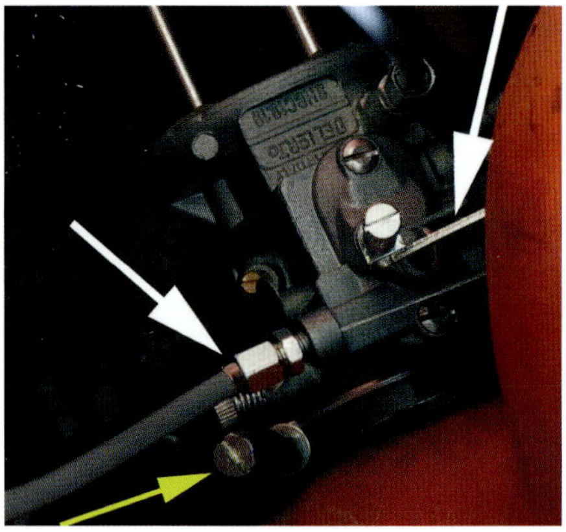

Die Vergaserschelle findet sich nahe am Rahmen (gelber Pfeil), die Gaszugeinstellschraube wird durch Öffnen des Gasschiebers (rechter weißer Pfeil) zugänglich. Einmal gelöst, kann die Seilzughülle aus der Stellschraube herausgezogen werden (linker weißer Pfeil). Erweist sich der Zugang zu den Seilzugverbindungen als zu schwierig, wird der Vergaser vom Ansaugstutzen abgezogen, was die Zugänglichkeit verbessert

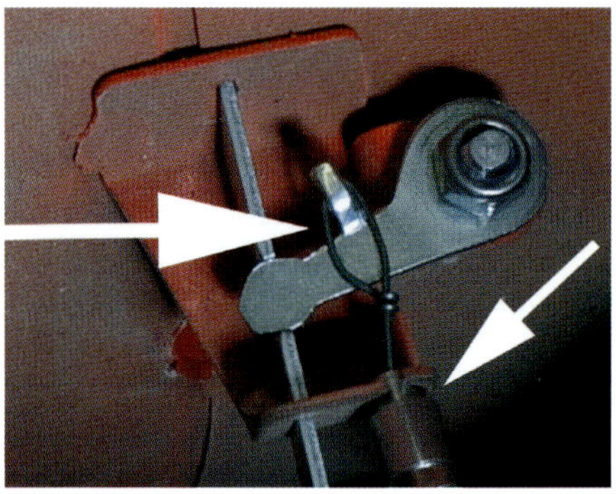

Der Chokezug sollte vorläufig noch am Vergaser belassen werden. Durch Zurückziehen der Seilzughülle (rechter Pfeil) wird der Zug aus seiner rahmenseitigen Aufnahme entfernt. Dann lässt sich die Schlaufe des Innenzugs aus dem Verbindungshebel aushängen

sollten verschiedenfarbig sein, was aber nicht immer der Fall ist.

Anschließend lösen Sie den hinteren Bremszug (SW 11) sowie die Schraubnippel der Kupplungs- und Schaltzüge (üblicherweise SW 7, SW 8, falls Zubehörteile montiert sind). Mit einem weiteren Maulschlüssel halten Sie am Schaft gegen, während die Klemmschraube gelöst wird. Diese Teile sind nur schwer zugänglich, daher sollte zur Vereinfachung das Hinterrad ausgebaut werden (dazu erst das Heck des Rollers unterbauen).

Nun das Federbein an der unteren Aufnahme abschrauben (2 x SW 14). Zum Schluss wird die Sicherungsmutter der Steckachse (SW 17) an der vorderen Schwingenlagerung abgenommen. Die Steckachse sitzt oft recht fest. Zur Unterstützung beim Ziehen kann der Schraubenkopf mit einer Gripzange gepackt werden. Zusätzlich hilft beim Ziehen die Entlastung der Achse durch Anheben des Motors mit der Hand. Die komplette Antriebseinheit mit Auspuff lässt sich dann nach unten herausnehmen, wobei ein gleichzeitiges Anheben des Rahmens die Sache vereinfacht.

Falls der Roller nicht sowieso komplett zerlegt wird, empfiehlt es sich, den ausgebauten Motor und das Rahmeninnere gründlich von Schmutz und Ölrückständen zu reinigen.

AUSPUFF- UND ZYLINDERHAUBENAUSBAU

Vor dem Abnehmen des Zylinders muss der Auspuff entfernt werden. Er ist mit zwei Muttern (SW 10) an einen Gusskrümmer am Zylinder angeflanscht und mit einer weiteren Schraube (SW 17) an der Schwinge befestigt. Nachdem der Auspuff demontiert ist, kann die Zylinderhaube abgeschraubt werden (je nach Baujahr des Rollers ist sie aus Metall oder Kunststoff gefertigt). Die Öffnungen für die Befestigungsschrauben müssen genau geprüft werden. Ihre Ränder sind häufig eingerissen. Die Kunststoffausführungen verspröden im Lauf der Jahre und werden brüchig. Sind die Schraubenbohrungen beschädigt, sollte eine neue Zylinderhaube auf die Bestellliste. Nur eine vollkommen intakte Haube leitet die Kühlluft zuverlässig.

Am ausgebauten Motor auf der Werkbank lässt sich die Zylinderhaube abnehmen. Sie wird mit Schrauben (Pfeile) fixiert …

… von denen sich eine unterhalb des Auspuffs befindet.

Der Auspuff ist an einen Leichtmetallkrümmer angeflanscht. Hier wurde über die Jahre hin etwas gemurkst.

Der Auspuff ist außerdem mit einer Schraube an der Schwingentraverse befestigt.

Nach dem Entfernen wird die Ursache für die Pfuschreparatur offensichtlich; Schäden wie dieser sind üblich.

ZYLINDERKOPF

Bei den 125-cm³-Motoren ist der Zylinderkopf mittels vier Muttern (SW 11) an Stehbolzen befestigt, die vom Kurbelgehäuse ausgehend durch den Zylinder nach oben verlaufen. Sind die Muttern gelöst, ist auch der Zylinder gelöst. Anders bei den kleineren Motoren: Hier ist der Kopf mit vier Schrauben am Zylinder befestigt. Der lässt sich erst lösen, nachdem vier Muttern von den Stehbolzen auf dem Kurbelgehäuse gelöst sind. Unabhängig von der Ausführung müssen die Verschraubungen zunächst langsam über Kreuz gelöst werden, bis die Vorspannung abgebaut ist. Diese Vorgehensweise verringert die Gefahr des Verzugs. Achten Sie außerdem auf eventuell vorhandene Sicherungsringe. Die dürfen auf keinen Fall ins Motorinnere fallen.

Nach dem Abnehmen des Zylinderkopfs die Dichtflächen auf dunkle Verfärbungen hin überprüfen. Sie deuten auf Undichtigkeit und Verzug hin. Mit einem Hartholz- oder Kunststoffschaber, z. B. einem im 45°-Winkel schräg abgeschnittenen Zahnbürstengriff, werden Ölkohleablagerungen entfernt und der Zylinderkopf anschließend in Waschbenzin gereinigt.

Jetzt kann der Zylinderkopf einer Sichtprüfung unterzogen werden; dabei besonders den Bereich der Zündkerzenbohrung auf Risse und die Unversehrtheit des Zündkerzengewindes kontrollieren.

Gibt es keine Beanstandungen und wird der Zylinderkopf weiterverwendet, sollte allerdings die Dichtfläche plan geschliffen werden. Dazu wird ein Bogen Schmirgelleinen oder Nassschleifpapier mit 600er Körnung auf einer ebenen Oberfläche, z. B. einer Glasplatte, mit Klebeband fixiert und leicht eingeölt. Darauf wird nun der Zylinderkopf mit der Dichtfläche nach unten in Form einer Acht bewegt.

Nach etwa einer Minute Schleifen überprüfen, ob die Dichtfläche eine durchgehend matte Oberfläche aufweist. Sollten unberührte Stellen vorhanden sein, ist hier der Zylinderkopf noch nicht eben.

Ersatzzylinderköpfe gibt es entweder als originales Vespa-Ersatzteil oder von Zubehörlieferanten.

Die Zylinderkopfmuttern sollten in kleinen Schritten kreuzweise gelöst werden, bis die Vorspannung abgebaut ist. Damit wird ein Verzug des Zylinderkopfs verhindert.

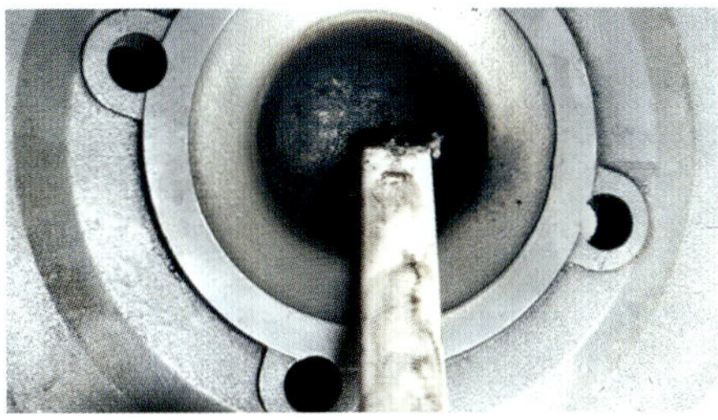

Um Beschädigungen am Aluminiumguss zu vermeiden, darf die Ölkohle nur mit einem Holz- oder Kunststoffschaber entfernt werden. Eine Bohrmaschine mit einem Messingbürstenaufsatz erreicht auch für den Schaber unzugängliche Stellen.

Mit einfachen (Schleif-) Mitteln lässt sich die Dichtfläche des Kopfes planen.

Die Dichtfläche, mit der der Kopf auf dem Zylinder aufliegt, sollte gleichmäßig matt glänzen. Dunkle Stellen weisen auf Unebenheiten hin.

ZYLINDER

Nach Lösen der Befestigungsmuttern sollte sich der Zylinder abziehen lassen, wobei bei den Motoren mit kurzen Stehbolzen der Zugang zu den schwungradseitigen Muttern schwierig sein kann. Dagegen ist es möglich, dass bei den Ausführungen mit langen Stehbolzen der Zylinder durch Korrosion festsitzt. In diesem Fall Rostlöser in die Stehbolzenbohrungen des Zylinders sprühen und einwirken lassen. Falls das nicht hilft, kann der Stehbolzenausbau die beste Lösung sein. Dazu werden zwei Muttern auf den Stehbolzen geschraubt, gegeneinander verkontert und dann über die untere Mutter der Bolzen ausgedreht. Verhindert dagegen ein festsitzender Kolben das Abziehen des Zylinders, wird der Bereich einige Zeit mit Dieselkraftstoff eingeweicht und dann versucht, mit einem beherz-

Ein 125er-Motor mit langen Stehbolzen. Die Zylinder der kleineren Motoren sind auf kurzen Stehbolzen am Kurbelgehäuse angeschraubt.

Dieser Polini-Zylinder hat eine andere Kanalführung als das Vespa-Teil. Für alle gilt: Die Zylinderlaufbahnen dürfen weder Riefen noch andere Beschädigungen haben.

Die Gewinde der Zylinderstehbolzen sind oft beschädigt. Ersatz ist nicht teuer.

Zum Ausbau alter Stehbolzen zwei Muttern aufschrauben, gegeneinander kontern und dann über die untere Mutter den Bolzen aus dem Kurbelgehäuse herausdrehen.

Der Auspuffkrümmer ist über zwei Muttern und Federringe an den Zylinder angeflanscht.

ten Schlag mit dem Hammerstiel den Kolben zu lösen.

Achten Sie darauf, dass der Kolben nicht gegen die Gehäusewand schlägt. Kolben und Kolbenringe könnten beschädigt werden. Lehnen Sie den Kolben vorsichtig gegen die Stehbolzen. Vom Zylinder lässt sich nun der Auspuffkrümmer leicht abschrauben (er wird von Muttern der SW 11 oder 13 fixiert, je nach Motorausführung).

Der demontierte Zylinder wird jetzt auf Riefenbildung überprüft. Falls diese mit dem Fingernagel gefühlt werden können, gibt es

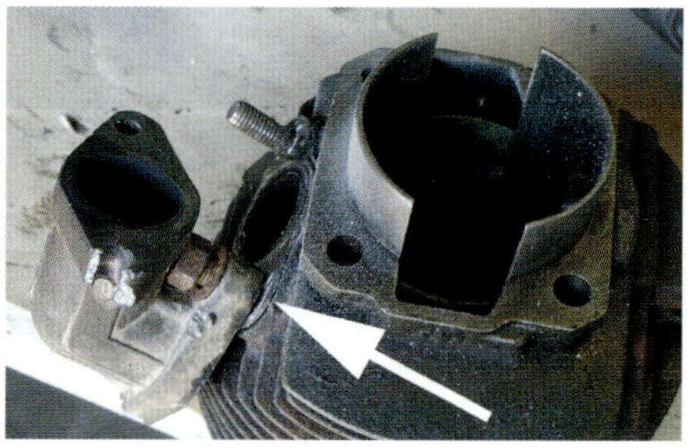

Die unterhalb des Krümmerbogens befindliche Mutter lässt sich möglicherweise nicht abdrehen, weil der Krümmer wegen Kontaktkorrosion auf dem Stehbolzen festsitzt und so zu wenig Spiel lässt. Rostlöser und Wackeln sollten das Problem lösen.

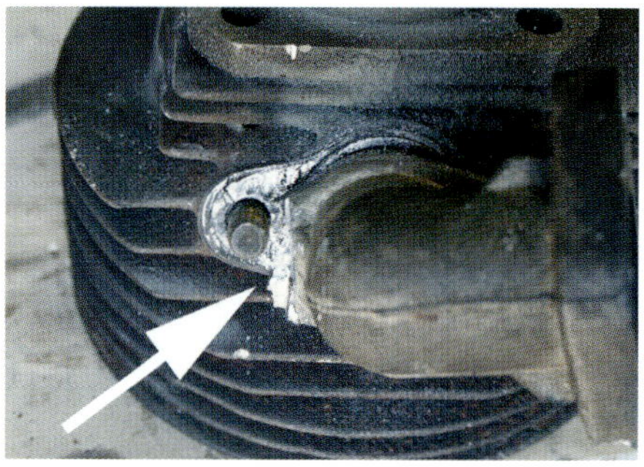

Im Extremfall kann es allerdings erforderlich sein, den Aluminiumkrümmer zum Ausbau aufzusägen.

Am ausgebauten Zylinder lassen sich die Gewinde prüfen, indem eine Mutter aufgeschraubt und bis zum Gewindeende gedreht wird.

ein Problem. Genauso verhält es sich mit der Verschleißkante am oberen Ende der Zylinderlaufbahn. Diese kann ebenfalls mit dem Finger ertastet werden, wobei sicherzustellen ist, dass es sich bei diesem Absatz nicht um Ölkohleablagerungen handelt (ein kurzes Überschleifen der Zone mit Schmirgelpapier gibt darüber Aufschluss). Zylinderbohrungen können auch oval verschleißen, was sich allerdings nur mit einem Innenmikrometer überprüfen lässt.

Im Zweifelsfall kann der Zylinder zu einem Motoreninstandsetzungsbetrieb gebracht werden, der die erforderlichen Messungen durchführt. Auf keinen Fall sollten Übermaßkolben gekauft werden, bevor der Zylinder vermessen wurde, da je nach Schaden die übernächste Übergröße erforderlich sein kann. Dazu muss recherchiert werden, welche Kolbengrößen noch erhältlich sind. Das Reinigen des Zylinders von Schmutz und Öl wird in der Werkstatt gerne gesehen und reduziert unter Umständen den Rechnungsbetrag.

Am Zylinderfuß ist eine Dichtung vorhanden – sie gehört erneuert.

KOLBEN UND RINGE

Der Kolbenringstoß wird vorsichtig soweit gespreizt, bis sich der Kolbenring nach oben vom Kolben abheben lässt. Der Austausch der Kolbenringe ist bei einer Motorüberholung eine Standardmaßnahme. Der Kolben wird vorsichtig gereinigt, ohne dabei zu sehr materialabtragende Mittel oder Werkzeug zu benutzen und anschließend auf Beschädigungen geprüft. Das sind Riefen, ein durch

Der Kolbenbolzen wird mit Sicherungsringen fixiert; bei der abgebildeten Ausführung handelt es sich um einen simplen Federdrahtring aus dem Zubehörhandel.

Original Vespa-Sicherungsringe haben zwei Lochungen am Ringstoß ...

… die eine Sicherungsringzange für den etwas kniffligen Ausbau erfordern. Eine per Rändelschraube verstellbare ermöglicht gefühlvollere Handhabung.

Finden sich bei der Überprüfung des Kolbenbolzens Riefen oder Anlauffarben, muss er ersetzt werden.

Die Zylinderfußdichtung ist normalerweise aus Papier. Sie wird von den Stehbolzen abgenommen und später durch eine neue ersetzt.

Fehlzündungen oder Fremdkörper angegriffener Kolbenboden oder beschädigte Kolbenringnuten, verursacht durch Überhitzung oder Verschleiß. In der Nut sitzen kleine Nasen, die genau im Ringstoß sitzen müssen. Die Kolbengröße ist normalerweise auf dem Kolbenboden eingeprägt.

Der Kolben ist mit dem Kolbenbolzen beweglich auf dem Pleuel gelagert; der Bolzen

Am Fuß des Zylinders sind in jede Kurbelgehäusehälfte Nummern eingeschlagen, die übereinstimmen sollten. Dieser Motor wurde immer wieder umgebaut und verlor seine „matching numbers“, lief aber immer noch bestens.

wiederum ist mittels zweier Innensicherungsringe im Kolben fixiert. Die Ringe haben zwei Lochungen. Mit einer Sicherungsringzange werden sie zusammengedrückt und ausgebaut. Der Kolbenbolzen lässt sich dann mit etwas Kraft herausdrücken. Dafür gibt es ein entsprechendes Werkzeug, was allerdings nicht unbedingt erforderlich ist: Nach vorsichtigem Anwärmen des Kolbens mit einer Heißluftpistole lässt sich der Kolbenbolzen mit einem passenden Austreiber und sanfter Gewalt herausschlagen. Dabei sollte der Kolben gut abgestützt werden, um eine Beschädigung des Pleuels zu vermeiden.

An Motoren mit langen Stehbolzen geht das am einfachsten, wenn der Zylinder vorübergehend wieder soweit aufgeschoben wird, dass der Kolbenbolzen noch unten herausschaut. Bei Motoren mit kurzen Stehbolzen muss der Kolben mit der Hand gehalten werden. Beim Einsatz einer Heißluftpistole Handschuhe tragen oder sich mit einem Lappen schützen.

Das obere Pleuellager ragt seitlich etwas heraus. Eine exakte Verschleißbeurteilung des Nadellagers ist schwierig, daher sollte es sicherheitshalber stets mit ausgewechselt werden.

OBERES PLEUELLAGER

Bei sehr frühen Motoren war eine Büchse in das Pleuelauge eingepresst. Diese wird auf Verschleißerscheinungen wie Verfärbung oder Riefen untersucht. Der Kolbenbolzen sollte straff in der Büchse sitzen und nicht zu viel Spiel aufweisen. Kolben für diese Kurbelwellenausführung sind nur noch schwer zu bekommen, daher lohnt sich wahrscheinlich der Einbau von Pleueln jüngerer Bauart mit Nadellager. Falls bereits ein Nadellager vorhanden ist, sollte der Austausch dieses preiswerten Bauteils eine Selbstverständlichkeit sein.

AUSBAU VON POLRAD UND ZÜNDGRUNDPLATTE

Zuerst wird die Lüfterradabdeckung abgeschraubt. In der Polradmitte befindet sich unter einer Abdeckung die Befestigungsmutter (SW 17). Zum Festhalten des Polrads ist ein Haltewerkzeug erforderlich. Eine andere Möglichkeit, die Kurbelwelle beim Lösen der Mutter am Drehen zu hindern, ist das Durchschieben einer stabilen Stange durch das obere Pleuelauge. Untergelegte Holzklötzchen zum Abstützen der Stange verhindern eine Beschädigung des Kurbelgehäuses. Befestigungsmutter (Achtung: nicht schlagartig, sondern gleichmäßig Kraft einsetzen) und Unterlegscheibe entfernen. Falls die Polradnabe ein Innengewinde hat, ist ein Abzieher zum Ausbau des Polrads erforderlich. Der äußere Teil

Zum Festhalten des Polrads beim Lösen der Befestigungsmutter gibt es ein Spezialwerkzeug. Bei abgezogenem Zylinder kann eine Verlängerung aus dem Ratschenkasten, die durch das obere Pleuelauge geschoben wird, diesen Zweck erfüllen. Untergelegte Holzklötzchen oder ein dick gefalteter Karton schützen das Kurbelgehäuse an der Auflage der Verlängerung vor Beschädigung.

Die Polradmutter verbirgt sich unter einer Kappe. Hier handelt es sich um ein spätes PK-Polrad, da der Motor auf 12 Volt umgebaut wurde.

Wenn die Mutter abgeschraubt ist, wird der Abzieher eingeschraubt. Sollte das Polrad sehr fest sitzen und sich dem Ausbau widersetzen, hilft ein kurzer, trockener Hammerschlag auf den Kopf der Schraube.

Nach dem Abnehmen des Polrads liegt die Zündgrundplatte offen. Je nach Baujahr des Rollers kann sie mit zwei oder mit drei Spulen bestückt sein.

Im Kurbelgehäuse und in der Platte finden sich eingegossene Markierungen, die fluchten müssen. Sind keine vorhanden, ist es ratsam, mit einem Körner oder einer Reißnadel eigene anzubringen. Farbmarkierungen würden die anschließende Reinigung kaum überleben.

Die Grundplatte ist mit drei Schrauben fixiert.

Polrad und Zündgrundplatte sollten ineinandergeschoben aufbewahrt werden. Das verhindert eine Schwächung der Magnete und hält unerwünschte metallische Gegenstände davon ab, sich an den Magneten anzulagern.

dieses Werkzeugs wird zuerst vollständig in das Polrad eingeschraubt. Beim anschließenden Eindrehen der mittigen Schraube drückt diese gegen den Kurbelwellenzapfen und löst so das Polrad vom Konus der Kurbelwelle.

Sollte sich dann immer noch nichts bewegen, kann der Konus mit behutsamen Hammerschlägen auf den Schraubenkopf überzeugt werden, die Verbindung zu lösen. Einmal getrennt, kann immer noch ein gewisser Widerstand spürbar sein, aber das ist die von den Polradmagneten verursachte Anziehungskraft, die einfach zu überwinden ist.

Falls es sich um einen frühen Motor handelt, hat die Rotornabe vielleicht kein Innengewinde, sondern einen Sicherungsring, gegen den die Polradmutter beim Abschrauben anläuft und somit das Polrad vom Konus abdrückt. Diese Ringe brechen leicht, daher sollte vor Beginn dieser Arbeit Ersatz bereitliegen. Auf keinen Fall sollte versucht werden, mit einem Klauenabzieher das Polrad zu entfernen. Es wird reißen, bevor der Konus getrennt ist.

Der Keil wird vom Kurbelwellenzapfen entfernt und auf Verschleiß geprüft. Der zeigt sich in einem Absatz zwischen dem Keilabschnitt, der in der Kurbelwelle sitzt und dem, der in den Schlitz des Polrads ragt. Bei jeglichem Zweifel über den Zustand sollte dieses Bauteil ersetzt werden.

Die Zündgrundplatte ist mittels Schlitzschrauben auf dem Kurbelgehäuse befestigt. Nach dem Ausbau kann die Grundplatte durch Hin- und Herbewegen gelöst und abgenommen werden, wobei die daran befestigten Kabel sorgsam nachgezogen werden müssen. Das kann etwas diffizil sein, wenn die Isolierungen hart geworden und die Gummidurchführungen versprödet sind, daher ist hier Sorgfalt angesagt.

HINTERRADBREMSE

Die Hinterradfelge ist entweder vom alten Schüsseltyp mit vier zentralen Schrauben oder vom Kranztyp mit fünf Schrauben. Zum Abziehen der Bremstrommel muss die Zentralmutter gelöst werden, die mit einem Splint

Die hintere Bremstrommel (hier eine PK-Ausführung) ist bei den späteren Modellen mit einer Zentralmutter befestigt, die mittels Sicherungskorbs und Splints gesichert ist. Frühere Smallframe-Modelle hatten hier eine Kronenmutter mit Sicherungssplint. Zum Lösen der Mutter (SW 22) ist eine Stecknuss mit recht dünner Wandstärke erforderlich. Nach ihrer Demontage lässt sich die Bremstrommel abnehmen …

… und die hintere Bremse ist zugänglich.

Die alten Felgen haben vier Befestigungsschrauben in einem kleinen Lochkreis; die darunterliegende Bremstrommel wird mit einer Nabenarretierungsschraube gesichert (Pfeil).

Theoretisch kann nach dem Entfernen der Schraube die Trommel abgenommen werden. Praktisch sind der Stahlflansch (Grundplatte) und die Aluminiumbremstrommel oft eine nur schwer lösbare Verbindung eingegangen. So muss die Nabenmutter gelöst und die Bremstrommel samt Flansch von der Antriebswelle abgezogen werden.

Einmal vom Motor abgebaut, können die beiden Teile mit schlagkräftigen Argumenten davon überzeugt werden, sich voneinander zu trennen.

Die Bremsbacken sind auf Zapfen drehbar gelagert und mit den gezeigten Sicherungsclips gehalten. Mit einem Schraubendreher können diese vorsichtig aus ihrem Sitz geschoben werden. Doch aufgepasst: Rutschen sie unkontrolliert aus der Nut, fliegen sie meterweit und verschwinden mit Vorliebe in der dunkelsten Ecke der Werkstatt. Über den Bremshebel werden die Backen auseinandergedrückt und mittels eines Schraubendrehers vorsichtig abgehebelt. Bei der ersten ist das etwas schwierig, da hier noch gegen die Kraft der Rückstellfeder gekämpft werden muss.

Die Ankerplatte ist mit drei Schrauben (SW 13) am Gehäuse befestigt.

gesichert ist. Diese Mutter kann sehr fest sitzen, daher ist es sinnvoll, sie zu lösen, solange der Motor noch im Rahmen eingebaut ist (eine zweite Person betätigt die Bremse, während die Mutter gelöst wird).

Nun liegt die Bremse offen. Die beiden Bremsbacken sind auf Zapfen gelagert und mit Federklammern gesichert. Diese müssen mit Vorsicht entfernt werden, da sie ganz leicht davonschnellen und in den Tiefen der Werkstatt verschwinden.

In die Rückseite der Ankerplatte ist ein Wellendichtring eingepresst – er lässt sich einfach heraushebeln. Achtung: Bei dieser Bauart weist die Seite mit der Schlauchfeder immer zur Druck- oder zur „nassen“ Seite, also nach innen.

Zwischen Ankerplatte und Gehäuse sollte ebenfalls eine Papierdichtung eingelegt sein. Sie wird entfernt und später ersetzt.

Der Bremsnocken wird aus der Ankerplatte herausgezogen. Eine gewisse Schwergängigkeit wird durch die Dichtringe verursacht und lässt sich durch entsprechend kräftiges Ziehen überwinden.

Die Bremshebelachse kann einen Dichtring haben, im Falle der PK-Bremse dessen zwei, oder – bei manchen Ausführungen – gar keinen.

KUPPLUNG

Die Kupplung ist gleichsam hauteng im Motorgehäuse untergebracht. Der Ausbau ist eine etwas umständliche Angelegenheit.

Der Kupplungsdeckel ist mit sechs Schrauben (SW 10) befestigt.

Nach dem Abnehmen des Deckels ist die Kupplung freigelegt. Die alte Dichtung wird entfernt und entsorgt.

Der Druckteller wird von einer Feder gehalten. Eine dünne Spitze oder ein Schraubendreher wird in die größere der beiden Federöffnungen gesteckt, damit die Feder in Richtung Mitte gedrückt und so aus der Nut in der Kupplungseinheit gehebelt. Der Druckteller sollte generell erneuert werden – außer wenn die Druckfläche in der Mitte keinerlei Anlaufspuren aufweist.

Nach dem Abnehmen des Drucktellers tritt die in einer Vertiefung sitzende Befestigungsmutter zutage. Sie ist mittels eines Sicherungsbleches gegen eigenständiges Lösen gesichert. Nach dem Aufbiegen des Bleches kann die Mutter mit einer Stecknuss (SW 17) aufgeschraubt werden.

Zum Ausbau der Kupplung ist ein Spezialwerkzeug erforderlich. Glücklicherweise ist es wie viele dieser Werkzeuge relativ preiswert.

Der äußere Teil des Abziehers hat ein Innengewinde, mit dem er in die Kupplung geschraubt wird. Beim Anziehen der Schraube wird die Kupplung von ihrem Befestigungskonus abgedrückt

Das Kupplungsscheibenpaket kann als komplette Einheit aus dem Kupplungskorb ausgebaut werden. Sollte der Halbmondkeil noch in seiner Aussparung stecken, wird auch er entfernt.

Der Kupplungskorb verbleibt im Kurbelgehäuse, bis dessen Hälften getrennt werden.

MOTORGEHÄUSE TEILEN

Die Schrauben, mit denen die beiden Motorgehäusehälften verbunden sind, sollten Sie nach dem Herausdrehen so weglegen, dass Sie sie beim Zusammenbau auch in der richtigen Reihenfolge wiederfinden.

Motoren mit einteiligem polradseitigem Kurbelwellenlager lassen sich schwerer trennen. Eventuell erfordern sie den Einsatz eines Kunststoffhammers, mit dem sachte die linke Gehäusehälfte gelöst wird.

Vor dem Hammereinsatz sollte aber kontrolliert werden, ob tatsächlich alle Gehäuseschrauben entfernt sind. In schwierigen Fällen kann es hilfreich sein, mit einer Heißluftpistole den Lagersitz auf der Polradseite anzuwärmen und so das Zerlegen zu erleichtern.

Der Ansaugstutzen sollte über Stehbolzen und Muttern befestigt sein. Bei den im Bild gezeigten Stutzen wurde ein Stehbolzen durch eine Schraube ersetzt (Pfeil).

Beschädigte Stehbolzen lassen sich wie die Zylinderstehbolzen mittels Kontermuttern aus dem Gehäuse herausdrehen.

An der Motorunterseite wird nun die mit zwei Muttern befestigte Seilzugaufnahme entfernt. Anschließend kann die Kickstarterklemmschraube ausgebaut und der Kickstarter durch Hin- und Herbewegen von der Verzahnung abgezogen werden.

Schrauben und Muttern halten die beiden Gehäusehälften rundum miteinander verbunden.

Außerdem sind Stehbolzen mit Muttern vorhanden, die durch das Gehäuse hindurchführen und in der Zündgrundplattenaufnahme enden. Mit einem dünnen Schraubendreher lässt sich der Wellendichtring auf der Polradseite heraushebeln, oder verbleibt an Ort und Stelle und kommt dann mit dem Gehäuse herunter.

Die beiden Gehäusehälften sollten relativ einfach zu trennen sein. Falls sie sich weigern, darf man sich auf keinen Fall dazu verleiten lassen, an irgendeiner Dichtfläche einen Hebel anzusetzen. Statt dessen wird versucht, mit einem Kunststoffhammer die linke Gehäusehälfte zu lösen.

Nach dem Trennen sollten die wesentlichen Bauteile in der linken Gehäusehälfte verblieben sein. Im gezeigten Beispiel ist die Nebenwelle am richtigen Platz, meist verbleibt sie aber im Lager in der Polrad-Gehäusehälfte.

NEBENWELLENAUSBAU

Manchmal verbleibt beim Ausbau das Kugellager auf der Nebenwelle. In diesem Fall muss nach dem Reinigen des Gehäuses der Lagersitz genauer überprüft werden.

Die Nebenwelle sollte sich ohne übermäßigen Kraftaufwand aus dem Gehäuse ziehen lassen.

Mit einem Schraubendreher kann versucht werden, das Lager mit Gefühl über den Außenring abzuhebeln. Sollte es sich nicht bewegen, keine rohe Gewalt anwenden, sondern einen Lagerabzieher ansetzen.

Die Zahnräder werden geprüft auf Verschleiß und Beschädigungen sowie auf Anzeichen von nachlassender Härte, was an Lochbildung auf bearbeiteten Oberflächen zu erkennen ist. Der Konussitz der Kupplung darf nicht verschlissen sein (der hier ist es), und die Keilnut darf keine Deformierungen aufweisen.

KURBELWELLENAUSBAU

Die Befestigungsmutter des Primärritzels ist mit einem Sicherungsblech versehen, das aufgebogen werden muss. Zum Blockieren des Radsatzes beim Lösen der Mutter kann ein weiches Kupferstück (z. B. eine Münze) zwischen die Zähne des Ritzels und des Kupplungskorbs gelegt werden. Als Alternative bietet sich an, die Mutter bereits zu einem früheren Zeitpunkt bei der Zerlegung zu lösen, wenn die beiden Hälften noch miteinander verschraubt sind.

Das Antriebsrad wird auf der Welle mittels eines Halbmondkeils fixiert. Dieser wird entfernt, sobald das Zahnrad abgenommen wurde. Der Kupplungskorb hat eine größere seitlich Aussparung, um den Ausbau des Antriebszahnrades zu ermöglichen und muss dafür in die entsprechende Stellung gedreht werden.

Die Kurbelwelle wird abgestützt und mit einem Kunststoffhammer aus dem Lagersitz getrieben; sie sollte nicht allzu fest sitzen.

GETRIEBEAUSBAU

Die Antriebswelle kann gemeinsam mit den Zahnrädern ausgebaut werden oder die Zahnräder werden wie im gezeigten Beispiel zuerst von der Welle entfernt. Sie sind mit einem Sicherungsring auf der Antriebswelle fixiert.

Der Sicherungsring muss zum Ausbau gespreizt werden. Für den straff sitzenden Ring sollte eine gut passende Zange benutzt werden.

Unter dem Ring befindet sich eine Scheibe, die sich einfach abnehmen lässt.

Die Zahnräder können jetzt von der Welle abgezogen werden. Beim Abnehmen werden sie sofort auf einen Draht aufgefädelt, um sie in der richtigen Reihenfolge und – noch wichtiger – in der korrekten Einbaurichtung aufzubewahren, da sie nicht symmetrisch gefertigt sind.

So sieht die Antriebswelle ohne Zahnräder aus.

Die Antriebswelle wird mit leichten Schlägen von der Radseite aus dem Gehäuse geklopft. Auch hier muss mit einem Kunststoffhammer gearbeitet werden, um eine Beschädigung des Gewindes am Wellenende zu vermeiden. Zuerst wird die Welle nur ein kleines Stück herausgeschlagen.

Sobald sich die Welle etwas bewegt hat, sicherstellen, dass die Gleitsteine (Pfeil) nicht verklemmt sind. Die Welle kann dann von der Schaltgabel abgezogen werden, sobald sie aus dem Lager gerutscht ist.

An der ausgebauten Welle zeigt der untere Pfeil auf eine weitere Scheibe, der obere auf den innenliegenden Sicherungsring. Auf diese Teile wird später eingegangen.

SCHALTMECHANISMUSAUSBAU

Die Schaltwippe an der Motorunterseite ist mit einem Stift auf der Schaltwelle fixiert. Nachdem er herausgeschlagen wurde, lässt sich die Wippe unter Hin- und Herbewegen abziehen.

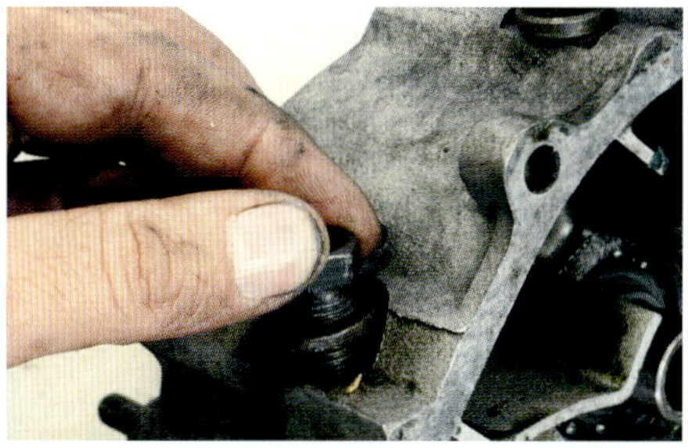

Ausbau der von oben in das Gehäuse eingedrehten Schraube, die als Lagerbolzen für den Schaltarm dient. Sie hat unterhalb des Gewindes mehrere Abstufungen und ist daher recht lang.

Nach dem Ausbau der Schraube lässt sich der untere Lagerzapfen des Schaltarms aus der angegossenen Lagerung im Gehäuse herausziehen (Pfeile). Durch die damit geschaffene Beweglichkeit des Schaltarms lässt sich die mit ihm verbundene Welle ebenfalls aus der Gehäuseunterseite entfernen.

KUPPLUNGSKORBAUSBAU

Die Nebenwelle (a) ist hier noch eingebaut. Sie verläuft durch das separat gelagerte Kickstarterzahnrad (b), das nach dem Ausbau der Nebenwelle noch über das Zahnradsegment der Kickstarterwelle gehalten wird. Durch Drehen der Kickstarterwelle kann das Zahnrad mit der darunter lose eingelegten Feder (c) abgenommen werden. Auf die Sicherungsscheibe (d) achten.

Die Sicherungsscheibe mit ihrem erhabenen mittigen Bund ist ebenfalls lose eingelegt (linker Pfeil). Beim Ausbau auf die Einbaulage achten. Anschließend wird der Wellensicherungsring entfernt.

Das Primär kann jetzt – wieder mit einem Kunststoffhammer – mit leichten Schlägen aus dem Lager herausgeklopft werden.

Das Primär mit dem Kupplungskorb wird zuerst aus dem Lager herausgezogen und dann gekippt, um ihn aus dem Gehäuse herauszufädeln. Eventuell ist dazu etwas Überzeugungsarbeit in Form von Hin- und Herbewegen zu leisten.

Am ausgebauten Primärkorb sind die Ruckdämpferfedern deutlich erkennbar; auf sie wird später ausführlicher eingegangen.

KICKSTARTERAUSBAU

Die Kickstarterfeder wird mittels eines Schraubendrehers von der Welle abgehängt. Die Spannung ist relativ gering. Dann lässt sich die Welle samt Zahnradsegment aus dem Gehäuse ziehen.

Die Anschlaggummis des Kickstarters sind gewöhnlich hinüber. Zum Wechsel werden sie aus ihren Schlitzen herausgeschoben.

LAGERAUSBAU AUS DEM GEHÄUSE

Der beispielhafte Lagerausbau wird in der Bilderfolge gezeigt. Bei Motoren mit geteiltem Hauptlager auf der Polradseite verbleibt der Außenlaufring beim Zerlegen in der Gehäusehälfte. Zum Ausbauen des Laufrings wird das Gehäuse im Lagersitzbereich angewärmt und anschließend in Ausbaurichtung auf die (Holz-) Arbeitsplatte aufgeschlagen. Die Erschütterung lässt in den meisten Fällen den Laufring herausrutschen. Sollte das nicht funktionieren, werden auf dem Laufring zwei gegenüberliegende Schweißpunkte gesetzt. Beim Abkühlen zieht sich dadurch der Ring soweit zusammen, dass er herausfällt. Sollte er sich immer noch weigern, kann er mit gut gezielten Schlägen auf die Schweißpunkte von der anderen Seite aus dem Gehäuse getrieben werden.

Der antriebsseitige Kurbelwellendichtring wird aus dem Gehäuse gehebelt und entsorgt.

Das Lager ist mit einem stramm sitzenden Sicherungsring im Gehäuse arretiert.

Auf der gegenüberliegenden Seite stützt sich das Lager an einem Anguss am Gehäuse ab. Mit einem Treibdorn wird es von der gezeigten Seite her ausgebaut.

Mit einer Lötlampe oder einer Heißluftpistole wird der Bereich um den Lagersitz angewärmt. Anschließend mit einer passenden Stecknuss oder einem Treibdorn das Lager über den Innenring aus dem Gehäuse herausschlagen.

Das Kupplungskorblager ist wie das Kurbelwellenlager mit einem Sicherungsring fixiert ...

... und wird genauso wie dieses aus dem erwärmten Gehäuse ausgebaut.

Das polradseitige Antriebswellenlager ist meist als Nadellager in der hier gezeigten Bauform ausgeführt. Bei frühen Modellen finden sich Lagerkäfige ohne seitliche Abdeckung, wie sie z. B. bei oberen Pleuellagern verwendet werden.

Die Nebenwelle rotiert auf der Polradseite in einem kleinen Kugellager.

Der einfachste Weg, diese beiden Lager auszubauen, ist das Anwärmen des Gehäuses im Bereich um die Lagersitze und anschließendes kräftiges Aufschlagen des Gehäuses auf der Werkbank. Dabei können einige Versuche erforderlich sein. Sollten die Lager weiter festsitzen, wird das gesamte Gehäuses in einem Ofen noch etwas mehr erwärmt, bis es sich weit genug ausgedehnt hat.

Das Nadellager sträubt sich öfters gegen den Ausbau. Falls die oben beschriebenen Methoden nicht zum Erfolg führen, einen kleinen Abschnitt der seitliche Lagerabdeckung mit einem Seitenschneider aufzwicken, zur Seite biegen und die Nadeln samt Käfig entfernen. Mit einer Zange kann der äußere Rand gepackt und das Lager aus dem Gehäuse gezogen werden.

Das letzte verbliebene Bauteil im Gehäuse ist die Entlüftungsschraube. Sie hat zwei Flächen für einen Schraubenschlüssel, um sie aus dem Gehäuse herausdrehen zu können. Nach der Reinigung mit Bremsenreiniger o. ä. wird sie durchgeblasen um zu überprüfen, dass sie nicht verstopft ist.

GEHÄUSEREINIGUNG

Es lohnt sich schon aus optischen Gründen, die Gehäusehälften vor dem Zusammenbau gründlich zu reinigen. Das ist allerdings viel Arbeit. Am gründlichsten gelingt die Reinigung wohl in der Sandstrahlkabine (Achtung, vorher müssen Öffnungen und Dichtflächen sorgfältigst abgeklebt werden). Auch Dampfstrahler, Teilewaschgeräte, die gute alte Drahtbürste, Reinigungsflüssigkeiten und Sandpapier können helfen. Wer es ganz besonders schön haben will, kann am Ende sogar noch ein Spitzenfinish anstreben. Es gibt allerlei Möglichkeiten, darunter die, hochhitzefestes Aluminiumspray aufzutragen. Die Größe des Aufwands hängt am Ende immer von den eigenen Bedürfnissen ab.

Die gereinigten Gehäuse sorgfältig überprüfen. Der Drehschiebereinlass kann Riefen aufweisen; dieser hier hat zusätzliche Ausbrüche. Bei zu starken Beschädigungen ist ein Austausch der Gehäuse erforderlich

Mit feinem Schmirgelpapier erhalten die Dichtflächen zum Schluss eine gleichmäßig blanke Oberfläche.

Die leeren Gehäusehälften werden gründlich gereinigt. Das kann einige Zeit beanspruchen, besonders wenn sich altes Öl und Schmutz in den Winkeln und Ecken der Gehäusehälften abgesetzt haben. Hartnäckige Ablagerungen lassen sich notfalls mit einem Schraubendreher herauskratzen.

An den Lagersitzen muss geprüft werden, ob sich die Außenringe mitgedreht haben oder ob sich sonstige Verschleißerscheinungen und Verfärbungen durch Hitze zeigen.

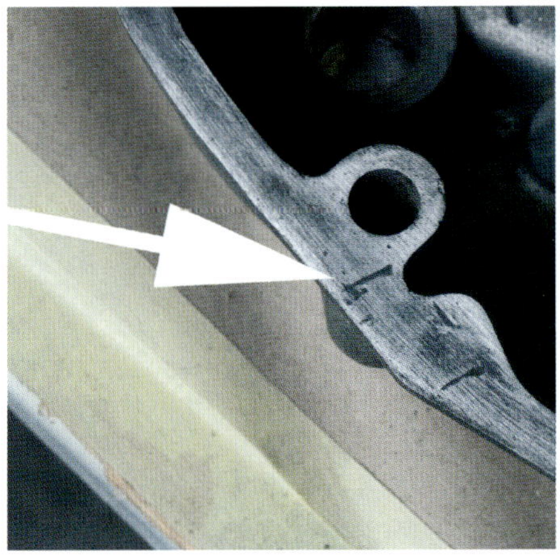

Alte Schäden in der Dichtfläche sollten auf ihr Ausmaß hin untersucht werden. Ist die Dichtfläche stärker beeinträchtigt, wird beim Wiederzusammenbau neben der normalen Papierdichtung Flüssigdichtmasse verwendet.

Ein Hochdruckreiniger vereinfacht die Sache, erfordert allerdings das sofortige Trocknen der Teile nach dem Waschen mit Luftdruck.

Alte Dichtungsreste werden sehr vorsichtig abgeschabt, damit die Dichtfläche unbeschädigt bleibt. Sollte die alte Dichtung festgebacken sein, kann Dichtungsentferner die Arbeit erleichtern.

Der Gehäusehälften-Passstift ist meist angerostet. Er muss gründlich gereinigt und eingefettet werden

ALLGEMEINE HINWEISE FÜR DEN ZUSAMMENBAU

Neben den in den einzelnen Abschnitten beschriebenen Vorgehensweisen gibt es einige allgemeine Richtlinien, die bei jeder Überholung eingehalten werden sollten. Obligatorisch ist der Austausch aller Dichtungen. Papierdichtungen können spröde sein und lassen sich nach leichtem Befeuchten einfacher verarbeiten. Piaggio hat nicht prinzipiell die Verwendung von Dichtmasse empfohlen, stattdessen werden die bearbeiteten Dichtflächen leicht eingefettet. Auch sollten alle O-Ringe und Wellendichtringe ersetzt werden.

Alle Stahlschrauben, die durch das Aluminiumgehäuse hindurchführen, sollten vor dem Wiedereinbau gereinigt und eingefettet werden, um Korrosion zu vermeiden. Edelstahlschrauben in Leichtmetall sind keine gute Idee, da die unterschiedlichen Metalle sehr schnell miteinander reagieren. Alle beweglichen Bauteile müssen gut geschmiert sein, daher sollten die Lager, Zylinderwand usw. beim Zusammenbauen geölt werden.

Bauteile wie die Halbmondkeile sollten generell erneuert werden; es sei denn, sie sind in makellosem Zustand.

KURBELWELLENÜBERPRÜFUNG

Die Motoren der Modelle mit 50 cm³ haben einen Hub von 43 mm und unterscheiden sich damit von den anderen Smallframe-Baureihen (51 mm). Bei allen gleich ist der leicht konische Wellenzapfen mit 20 mm Durchmesser am Hauptlagersitz bzw. 19 mm an der Dichtfläche des Wellendichtrings und einer M10-Mutter zur Polradbefestigung. Hochwertige Ersatzkurbelwellen sind für beide Typen problemlos erhältlich.

Falls der Motor auf der Polradseite ein geteiltes Lager hat, verbleibt der innere Lagerteil in der Regel auf dem Kurbelwellenzapfen. Er wird sich nicht von Hand entfernen lassen, daher ist hier ein Lagerabzieher erforderlich.

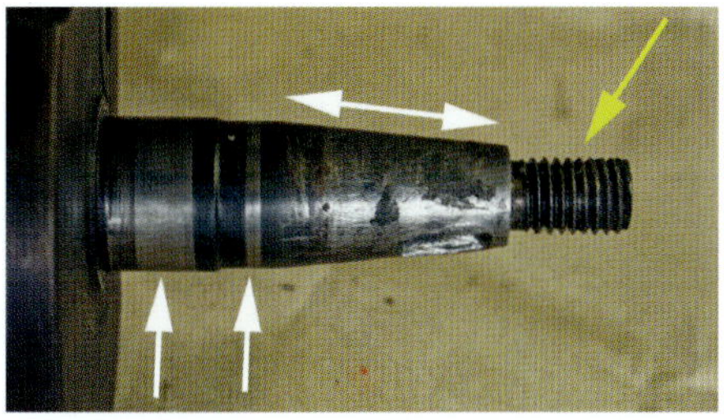

Am polradseitigen Zapfen der Kurbelwelle werden folgende Punkte überprüft: das Gewinde (gelber Pfeil), die Unversehrtheit des Konus (Doppelpfeil) und der Zustand des Lagersitzes (linker senkrechter weißer Pfeil) bzw. der Dichtfläche des Wellendichtrings (rechter senkrechter Pfeil). Bei jeglicher Beschädigung sollte eine neue Kurbelwelle in Betracht gezogen werden.

Der Zustand der Keilaussparung ist auch ein wesentlicher Faktor. Diese hier ist stark ausgeschlagen und für eine Weiterverwendung ungeeignet.

Der Zapfen der Kurbelwellenantriebsseite wird auf die gleiche Weise überprüft wie der auf der Polradseite.

Das untere Pleuellager wird überprüft, indem man die Kurbelwelle vollständig streckt und dann wie gezeigt versucht, mit Gefühl das Pleuel im Lager hin und her zu bewegen. Spiel bedeutet hier eine neue Kurbelwelle oder zumindest den Austausch des Pleuelsatzes bei einem Motoreninstandsetzungsbetrieb.

Die als Drehschieber fungierende Kurbelwange sollte ebenfalls keinerlei Schäden aufweisen. Diese hier ist zwar nur leicht eingelaufen, aber es nicht wert, damit einen frisch überholten Motor aufs Spiel zu setzen. Sie sollte ersetzt werden.

Geteilte Hauptlager auf der Polradseite erleichtern den Wiederzusammenbau.

Beim Montieren des Lagerinnenrings muss gegenüber dem Pleuellager (rechter Pfeil) zwischen die Kurbelwangen ein Keil zum Abstützen (linker Pfeil) eingeschoben werden.

Bei der Montage auf den Wellenzapfen wird das Lager über den Innenring bis zum Anschlag aufgepresst, was ohne allzu großen Kraftaufwand möglich sein sollte.

EINBAU NEUER LAGER

Sparen Sie nicht am falschen Ende beim Einbau neuer Lager. Es gibt ein großes Angebot an Nachfertigungen in minderer Qualität, die man ihnen nicht von außen ansieht. Sie werden meist zu günstigen Preisen über das Internet angeboten.

Neue Lager müssen stets über den Außenring eingepresst werden. Dafür gibt es besondere Treibdorne, aber eine gut passende Stecknuss erfüllt den gleichen Zweck. Die Lager müssen vor dem Eintreiben exakt auf ihre jeweilige Lagerbohrung ausgerichtet werden. Damit wird sichergestellt, dass sie genau axial in ihren Sitz gleiten. Schon bei einem leichten Verkanten besteht die Gefahr, das Kurbelgehäuse zu beschädigen, wenn einfach weitergehämmert wird. Daher diese Arbeit mit Bedacht angehen. Anwärmen des Gehäuses und ein Kühlfachaufenthalt für das Lager helfen zusätzlich.

Einteilige Kurbelwellenlager können durch zweiteilige Ausführungen ersetzt werden, was zukünftiges Trennen des Kurbelgehäuses erleichtert.

Der Kauf eines kompletten Lagersatzes kann die kostengünstigste Lösung sein.

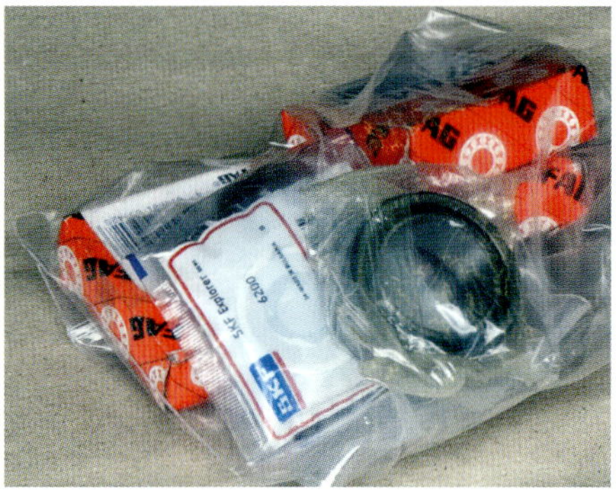

Vor dem Einbau werden die Lager in eine verschließbare Plastiktüte gepackt und über Nacht in die Tiefkühltruhe gelegt.

Das Gehäuse wird im Bereich der Lagersitze angewärmt und das Lager über den Außenring mit einem passenden Dorn eingeschlagen. Sobald das Lager richtig sitzt, ändert sich der Klang beim Einschlagen.

Durch Umdrehen des Gehäuses kann von der anderen Seite überprüft werden, wie weit das Lager noch von seiner endgültigen Einbaulage entfernt ist.

Sobald das Lager sitzt, wird der Sicherungsring montiert.

Dabei sollte der korrekte Sitz des Ringes über den gesamten Umfang kontrolliert werden.

Die Wellendichtringe können ebenfalls als kompletter Satz erworben werden.

Nach dem Einbau des antriebseitigen Kurbelwellenlagers wird der neue Wellendichtring mit der Hand in seinen Sitz gedrückt. Die Dichtringseite mit der Schlauchfeder weist immer in Richtung des abzudichtenden Drucks.

Die beiden in Sacklöchern sitzenden Getriebelager erfordern bei der Montage größte Sorgfalt. Zur Vorbereitung wird das Gehäuse gut angewärmt. Dann sollten die tiefgekühlten Lager praktisch von alleine in ihren Sitz fallen.

Sollte etwas Nachhilfe erforderlich sein, geht das mit einem Treibdorn und gefühlvollen Schlägen, bis der Außenring endgültig sitzt. Übermäßige Gewaltanwendung kann das Gehäuse reißen lassen!

Das Nadellager ist etwas delikat. Es sollte mit der Schrift nach außen weisend eingebaut werden, weil diese Seite massiver ausgeführt ist als die glatte Seite und das Einschlagen besser verkraftet.

Das Lager der Antriebswelle ist von der Außenseite eingesetzt. Untergelegtes Holz dämpft die Wucht der Schläge beim Eintreiben des Lagers.

Wie zuvor das Gehäuse in diesem Bereich gut anwärmen und einen gut auf den Außenring passenden Treibdorn verwenden.

SCHALTMECHANISMUSEINBAU

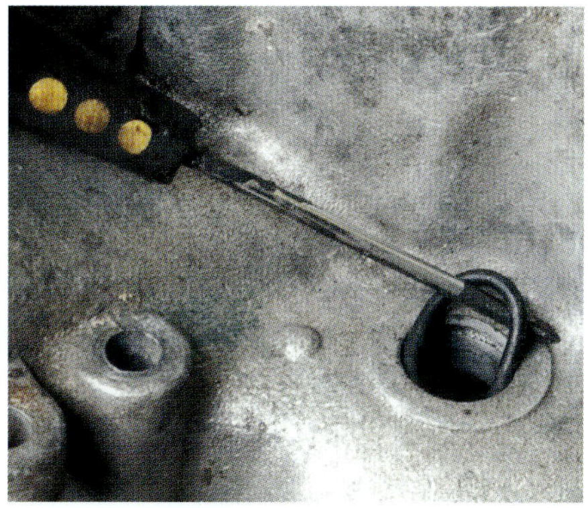

Mit einem dünnen Schraubendreher wird der alte O-Ring der Kickstarterwelle aus dem Gehäuse gefädelt.

Öl oder Fett auf den neuen O-Ring auftragen, mit dem Finger in die Gehäusebohrung schieben und in die Nut einsetzen.

Die durch das Gehäuse führende Schaltwelle hat ebenfalls einen O-Ring, der vor dem Wiedereinbau erneuert werden muss. Das ist eine typische undichte Stelle an diesen Motoren. Um Verschleiß zu kompensieren, sind O-Ringe in Übergrößen erhältlich.

Die Gleitsteine des Schaltarms auf Verschleiß prüfen. Sie werden von kleinen Sicherungsringen gehalten. Eingelaufene Gleitsteine beeinträchtigen die Schaltqualität.

Vor dem Einbau der Schaltwelle sicherstellen, dass sie sauber ist und keine Grate aufweist. Dann wird sie geölt ins Gehäuse eingesetzt.

Den Schaltarm einschwenken und den kleinen Lagerzapfen in seine Bohrung einsetzen.

Die Schraube durchs Gehäuse einführen und ins obere Ende des Schaltarms eindrehen.

Abschließend wird die Schaltzugspindel aufgeschoben, mit der Bohrung in der Schaltwelle ausgerichtet und der Sicherungsstift eingesetzt

RUCKDÄMPFER ÜBERHOLEN UND EINBAUEN/ KICKSTARTEREINBAU

Ein Reparatursatz für Primärkorb/Kupplungskorb sowie die Ruckdämpfer-Federn ist nicht teuer. Man achte dennoch auf Qualität, bei manchen Produkten ist das Material zu schwach und verzieht sich schon beim Nieten. Vergleichen Sie den alten Primärkorb genau mit dem neuen. Es kann durchaus angebracht sein, den alten wiederzuverwenden.

Im Primärkorb sorgen einfache Federn für die Ruckdämpfung. Die Primärverzahnung sollte auf Verschleiß überprüft werden. Falls Ersatz erforderlich ist, oder auch nur zur Bestimmung des Übersetzungsverhältnisses, wird ein Zahn farblich markiert und dann werden die Zähne gezählt.

Genauso wird mit dem Primärzahnrad verfahren. Die beiden Zahnzahlen ergeben das Übersetzungsverhältnis des Primärtriebs, das für die Ersatzteilbestellung erforderlich ist.

Die Führungen im Kupplungskorb können Riefen aufweisen. Leichte Einkerbungen lassen sich mit einer Feile entfernen, größere Vertiefungen bedeuten einen neuen Korb.

Die Federn liegen kreisförmig im Zahnrad und werden von zwei miteinander vernieteten Deckeln gehalten. Auch wenn keine sichtbaren Schäden erkennbar sind, verlieren die Federn im Betrieb an Vorspannung und tragen so zu harten Lastwechseln bei.

Nach dem Abbohren oder Abschleifen der Nietköpfe lassen sich der äußere Deckel abnehmen und die Federn mit einem Schraubendreher heraushebeln.

Die Reste der Nieten werden aus dem Korb ausgebohrt.

Sie können sehr widerspenstig sein und müssen notfalls herausgeschlagen werden.

Zwischen Kupplungskorb und Zahnrad finden sich Distanzhülsen aus Metall, die wieder verwendet werden.

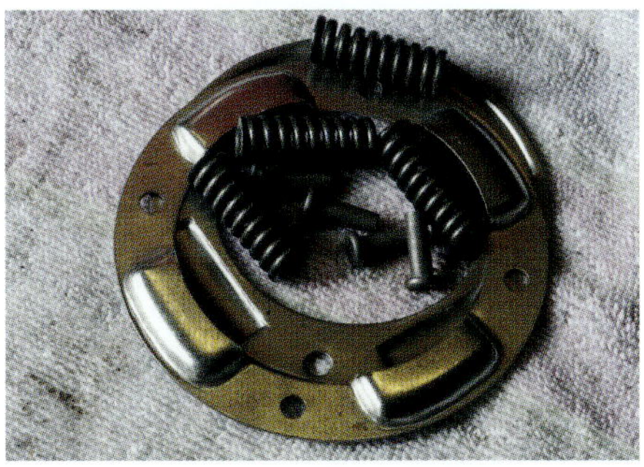

Die erforderlichen Teile für die Überholung des Ruckdämpfers gibt es im Satz, allerdings auch komplette Primäre.

Die neuen Federn sitzen recht stramm. Zum Einbau wird ein Ende eingelegt und die Feder mit einer Spitzzange zusammengedrückt. Sobald ihr anderes Ende ebenfalls angesetzt ist, kann die Feder mit einem leichten Hammer in ihre endgültige Lage geschlagen werden.

Nach dem Einlegen der Distanzhülsen zwischen Kupplungskorb und Zahnrad werden die beiden Deckel aufgesetzt und die Nieten eingesteckt.

Mit einem geeigneten Metallteil wird eine der Nieten auf der Rückseite abgestützt und der Kopf pilzförmig soweit bearbeitet, bis der Deckel nur leicht festsitzt.

Mit den übrigen drei Nieten wird genauso verfahren und abschließend die endgültige Vernietung vorgenommen.

Einmal eingebaut, wird der Sicherungsring angebracht, der den Kupplungskorb fixiert.

Jetzt werden die Kickstarteranschlaggummis in das Gehäuse eingesetzt. Hier gibt es zwei baujahr- und modellabhängige Ausführungen.

Der Kupplungskorb wird in das Gehäuse eingefädelt und schließlich ins Lager geschoben.

Die Kickstarterwelle wird in das Gehäuse geschoben und das Ende der Rückholfeder in die Aussparung eingesetzt.

Die Scheibe und die Feder werden auf das Ende der Welle vom Primär geschoben.

Sie dürfen notfalls mit leichten Schlägen mit einem Hammerstiel nachhelfen.

Dann wird mit einer Spitzzange die Feder soweit zusammengerollt und damit vorgespannt, bis das andere Federende in den Schlitz des Endstücks eingehängt werden kann (Pfeil).

Als nächstes wird das Kickstarterzahnrad eingebaut. Auf Verschleiß prüfen, der sich in Form von abgerundeten Ecken an der Ratschenverzahnung zeigt.

Nach Verdrehen des Kickstartersegments auf etwa die Hälfte seiner möglichen Auslenkung kann das Kickstarterzahnrad eingefädelt und gegen die Feder auf der Kupplungskorbwelle nach innen gedrückt werden. Dort wird es festgehalten, und die Kickstarterwelle wird wieder zurückgedreht, wodurch das Kickstarterzahnrad in dieser Position verriegelt ist.

GETRIEBEÜBERHOLUNG/ SCHALTKLAUENEINBAU

Falls das Getriebe eines 3-Gang-Modells defekt ist, kann ein Umbau auf vier Gänge in Betracht gezogen werden. Die meisten Teilelieferanten bieten einen kompletten Umrüstsatz mit den erforderlichen Komponenten an: Neue Nebenwelle, vier Zahnräder und die passende Schaltklaue. Die Teile können direkt gegen die bisher montierten ausgetauscht werden.

Wenn die alte Antriebswelle wieder verwendet werden soll, muss vor dem Wiedereinbau das Axialspiel der Zahnräder auf der Welle geprüft werden. Dazu wird per Fühlerlehre am Sicherungsring das Spiel gemessen; es sollte zwischen 0,15 mm und 0,4 mm betragen.

Um das vorgeschriebene Spiel einstellen zu können, sind Distanzscheiben zum Austausch in 11 verschiedenen Stärken erhältlich.

Im Lauf der Jahre wurde die Konstruktion des Schaltmechanismus geändert. Frühe 3-Gang-Modelle hatten Schaltklauen mit zwei Armen, später solche mit deren vier. Die Ausführung der 4-Gang-Modelle ist auch vierarmig, hat aber abweichende Abmessungen. Es gibt also zwei Schaltklauenausführungen, die vom Baujahr des Rollers abhängig sind. Bis (ungefähr) 1976 war das Bauteil – auf dem runden Ende stehend gemessen – 51 mm hoch. Danach und bei den Modellen 50 Special und ET3 liegt dieses Maß bei 50,2 mm.

Die Firma SIP Scootershop bietet ein Werkzeug an, mit dem der schwierige Einbau der Kugeln, die die Klaue führen, vereinfacht wird. Mit einer zweiten gebrauchten Klaue gleicher Bauart lässt sich der Wechsel übrigens ebenfalls erheblich erleichtern. Sie dient gleichsam als Platzhalter und fixiert die unter enorm hohem Federdruck stehenden Kugeln, solange die andere Klaue ausgebaut ist.

Die Antriebswelle wird im Bereich des Lagersitzes auf Verschleiß überprüft. Diese hier ist riefig und zeigt Laufspuren und ist daher für eine Wiederverwendung grenzwertig.

Die Welle läuft auch im Bereich der Zahnradlagerstellen ein. Falls mit den Fingern der Verschleiß erfühlt werden kann, ist sie vermutlich für einen weiteren längerfristigen Einsatz nicht mehr geeignet.

Zum Ausbau der Schaltklaue muss der Sicherungsring samt darunterliegender Distanzscheibe entfernt werden.

Die Schaltklaue gleitet in den Nuten der Welle hin und her, um das jeweils ausgewählte Gangrad auf der Welle zu verriegeln. Sobald der Sicherungsring entfernt ist, lässt sich die Schaltklaue vollständig aus der Welle herausziehen.

Vor dem endgültigen Herausziehen wird die Schaltklaue in einen festen Lappen gewickelt, um die federbelasteten Kugeln der innenliegenden Schaltarretierung an der Flucht zu hindern. Achtung: Verletzungsgefahr! Besser ist es, beim Abziehen der Klaue direkt und im engen Kontakt mit ihr eine zweite gebrauchte Klaue gleicher Bauart aufzuschieben, die als Platzhalter Kugeln und Federn an Ort und Stelle hält.

So sieht die ausgebaute Schaltklaue aus.

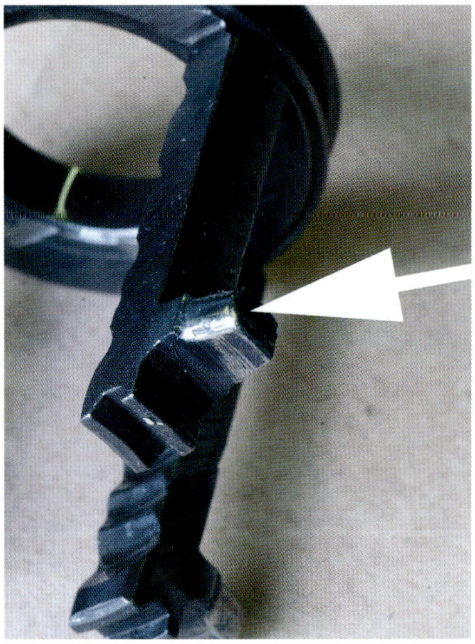

Verschleiß tritt vor allem an den Nasen auf, die direkt in die Aussparungen der Zahnräder eingreifen. Sollten sie nicht in makellosem Zustand sein, ist der Austausch der Schaltklaue obligatorisch.

In der Antriebswelle befinden sich eine Feder und zwei Kugeln. Sobald die Schaltklaue entfernt ist, werden sie freigegeben.

Der Wiedereinbau der Schaltklaue ist ein ziemliches Geduldsspiel, wenn man den Trick mit der zweiten Klaue nicht anwenden kann. Zu Beginn wird die Schaltklaue in die Antriebswelle so weit eingeschoben und gekippt, dass einer der Arme die Bohrung abdeckt, in der die Kugeln und die Feder eingelegt sind. Über die gegenüberliegende Bohrungsöffnung werden nun eine Kugel und die Feder eingelegt.

Die vom Schaltklauenarm teilweise abgedeckte Bohrung mit der eingelegten Kugel auf der anderen Seite.

Als nächstes wird die Feder zusammengedrückt und der Schaltklauenarm darüber geschoben.

Jetzt wird die zweite Kugel in die Nut eingelegt und über die Feder gerollt, wozu der Schaltklauenarm entsprechend zurückgezogen wird. Dabei darauf achten, dass der gegenüberliegende Arm noch über der Bohrung bleibt, da ansonsten alles herauspurzelt. Mit einem Schraubendreher wird die Kugel nun in die Bohrung gedrückt, bis der Arm wieder über die Öffnung geschoben werden kann. Diese Arbeit ist recht kniffelig und kann frustrierend sein; daher sollten schon von vorneherein mehrere Versuche einkalkuliert werden.

Um ein ungewolltes Herausrutschen der Schaltklaue zu verhindern, werden gleich die Distanzscheibe und der Sicherungsring montiert.

Die Zahnräder werden gründlich gereinigt, bleiben aber auf dem Draht aufgefädelt, um die Einbaulage nicht durcheinander zu bringen. Die vier Aussparungen, in denen die Schaltklauenarme einrasten, werden auf Verschleiß geprüft. Er zeigt sich in Form von abgerundeten Kanten oder Materialausbrüchen.

Die Zähne werden ebenfalls auf Abplatzungen oder Materialausbrüche in den Zahnflanken untersucht.

Sollte der Zustand der Getrieberäder in Ordnung sein, werden sie wieder auf die Antriebswelle aufgeschoben, dann die Distanzscheibe und schließlich der Sicherungsring montiert.

Mittels zweier Fühlerlehren, die zwischen die Distanzscheibe und das Gangrad geschoben werden, wird das Spiel auf der Welle gemessen. Dazu müssen die Lehren auf beiden Seiten das gleiche Maß haben, und ganz leichter Widerstand sollte beim Einschieben spürbar sein. Zum Einstellen des vorgeschriebenen Spiels sind zwölf unterschiedlich dicke Distanzscheiben erhältlich.

In die Ankerplatte der Bremse wird ein neuer Dichtring eingesetzt.

Auf die abgesetzte Dichtfläche der Grundplatte wird etwas Dichtmasse aufgetragen und eine neue Papierdichtung über die drei Gehäusestehbolzen geschoben.

Falls der Bremsnocken mit einem Dichtring versehen ist, wird er erneuert und dann der Nocken in die Grundplatte montiert.

Anschrauben der Bremsankerplatte. Alternativ kann sie nur vorübergehend aufgesetzt werden, um den Einbau der Antriebswelle durch das Lager zu ermöglichen. Dann wird sie wieder entfernt, um die Montage des Kupplungsdeckels zu erleichtern, da so die Zugänglichkeit besser ist.

Die Antriebswelle wird in das Lager eingeführt, und die Gleitsteine (Schaltklötze) werden in die Nut der Schaltklaue eingefädelt (das ist etwas fummelig). Es ist einfacher, wenn die Schaltklaue dazu soweit wie möglich herausgezogen wird, um maximalen Freiraum zu haben.

Sitzt alles soweit an seinem Platz, wird eine passende Stecknuss auf den massiven Teil der Antriebswelle gesetzt und diese mit leichten Schlägen in das Lager geschoben. Auf keinen Fall darf auf den hervorstehenden Wellenzapfen geschlagen werden! Er sitzt später im Lager in der polradseitigen Gehäusehälfte und muss dazu in einem tadellosen Zustand sein.

KURBELWELLENEINBAU

Einbau der Kurbelwelle in das antriebsseitige Lager. Sie sollte sich mit nur mäßigem Kraftaufwand per Hand einschieben lassen.

Nach dem Einsetzen des Keils wird das Primärzahnrad montiert, gefolgt vom Sicherungsblech und der Mutter. Sie kann später festgezogen werden, nachdem die Gehäusehälften zusammengebaut sind

ZUSAMMENBAU DER GEHÄUSEHÄLFTEN

Sobald die Gehäuse verschraubt sind, wird der polradseitige Wellendichtring über den Wellenzapfen geschoben und bündig in die Aussparung gepresst.

Fetten der Wälz- und Nadellager im polradseitigen Gehäuse.

Die Nebenwelle in das Lager einführen. Das aufgetragene Fett hält die Welle beim Zusammensetzen der Gehäusehälften an ihrem Platz.

Die Dichtflächen der beiden Gehäuse werden eingefettet und die Papierdichtung wird aufgelegt. Sollten die bearbeiteten Flächen beschädigt sein, auf beide Hälften (sparsam) Dichtmasse auftragen.

Die Gehäuse werden ausgerichtet und aufeinander gepresst. Häufig kommt das Zusammensetzen wie hier gezeigt zum Stocken. Jetzt darf man sich nicht zu übermäßiger Kraftanwendung hinreißen lassen. Stattdessen wird der Kickstarter bewegt und mit einem Kunststoffhammer sachte auf die polradseitige Gehäusehälfte geklopft. Falls sich immer noch nichts bewegt, die beiden Hälften wieder trennen und, nachdem die Getrieberäder leicht verdreht wurden, erneut versuchen.

Die Schäfte der Gehäuseschrauben werden eingefettet und festgezogen.

KUPPLUNG ÜBERHOLEN

Die Serienkupplung hat drei Reibscheiben (mit Korkbelag), viele Fahrer rüsten aber auf die Vierscheiben-Version um – samt einer verstärkten Zentralfeder, obwohl das für einen Serienmotor nicht nötig ist. Alle Ersatzteile für eine serienmäßige Kupplung sind günstig, daher gibt es keinen Grund, schlechte Teile weiterzuverwenden. Es ist durchaus angebracht, die Metallscheiben ebenfalls auszutauschen, da sie sich im Laufe der Zeit verziehen können. Daher sollte ein kompletter Kupplungsscheibensatz gekauft werden. Beim Zusammenpressen müssen die Laschen der Kupplungsscheiben von Hand ausgerichtet werden.

Zum Zerlegen der Kupplung ist ein Kupplungskompressor erforderlich, den es günstig im Vespa-Zubehörhandel gibt. Sollte er nicht verfügbar sein, kann man sich mit passenden Schrauben, Scheiben und Muttern behelfen.

Das Spezialwerkzeug wird angesetzt und die Kupplung in der Mitte zusammengespannt. Damit wird der Sicherungsring entlastet (Pfeil) und kann einfach aus seiner Nut gehebelt werden.

Jetzt können Sicherungsring und Ölrückhalteblech abgenommen werden.

Anschließend wird das Spannwerkzeug gelöst und entfernt.

Zuerst wird die Kupplungsfrontscheibe abgenommen.

Die Scheiben werden in der Ausbaureihenfolge abgelegt. Dieser Motor wurde bereits auf eine Kupplung mit vier Reibscheiben umgerüstet; serienmäßig sind nur drei vorhanden.

Anschließend können die Feder und die Kupplungsgrundplatte voneinander getrennt werden.

Die Stahlscheiben arbeiten sich in ihre Anlageflächen am inneren Kupplungskorb ein und verursachen Kerben. Kleinere Vertiefungen können mit einer Feile beseitigt werden, größere Einkerbungen erfordern den Austausch des Bauteils.

Gleichzeitig müssen auch die Laschen der Stahlscheiben überprüft werden, da sie gemeinsam mit den Anlageflächen des Korbes verschleißen.

Der Wiederzusammenbau der Kupplung beginnt mit dem Einlegen einer neuen Feder zwischen Grundplatte und Korb. Anschließend wird die Feder mit dem Kompressions-Werkzeug gespannt.

Falls neue Reibscheiben eingebaut werden, sollten diese über Nacht in Getriebeöl eingelegt werden. Das Scheibenpaket wird in der gleichen Reihenfolge eingebaut wie beim Ausbau, am Ende werden Kupplungsfrontscheibe, Abschlussblech und Sicherungsring montiert. Die richtige Lage des Sicherungsrings sollte lieber zweimal kontrolliert werden. Bevor jetzt das Spannwerkzeug gelöst wird, müssen noch die Laschen der Kupplungsreibscheiben per Hand ausgerichtet werden, damit sie einwandfrei fluchten.

KUPPLUNGSEINBAU

Vor dem Einbau der Kupplung muss der Keil in den Wellenkonus eingelegt werden. Beim Einlegen der Kupplung muss dieser Keil mit der Nut in der Kupplung ausgerichtet sein, wozu diese vorsichtig leicht hin- und hergedreht wird.

Das vormontierte Scheibenpaket wird in den Primärkorb geschoben, das Sicherungsblech eingelegt und die Mutter aufgeschraubt. Eine Spitzzange kann das Ansetzen der Mutter erleichtern, da hier für Mechanikerfinger nur wenig Platz ist.

Sicherstellen, dass die Haltenase des Sicherungsblechs richtig in der Aussparung sitzt; dann die Mutter festziehen und das Sicherungsblech umbiegen.

Der Druckteller wird eingesetzt und die Enden der Sicherungsfeder in die vorgesehenen Bohrungen eingehängt.

Zum Ausbauen des aus Bronze gefertigten Trennpilzes wird einfach der Kupplungshebel entsprechend verdreht. Ersatz ist kostengünstig. Vor dem Einbau des Neuteils die Aufnahme mit etwas Fett schmieren.

Zum Schluss wird der Kupplungsdeckel wieder montiert. Diese Arbeit ist bei abgenommener Bremsankerplatte – wie hier gezeigt – einfacher. Die Papierdichtung sollte stets erneuert werden.

HINTERE NABE ZUSAMMENBAUEN

Beim Wiedereinbau der Bremsbeläge wird zuerst ein Belag vollständig montiert. Der andere Belag wird anfangs mit seiner Bohrung auf den Drehzapfen nur aufgesetzt und wie im Bild gezeigt gegen die Federkraft am Bremsnocken abgestützt (Pfeil). Dann wird er mit sachten Schlägen gleichmäßig in seine endgültige Lage geklopft. Nun wird die Bremstrommel aufgeschoben und Scheibe sowie Mutter werden montiert. Diese kann später festgezogen werden, wenn die Kurbelwelle festgehalten wird.

LÜFTERRADEINBAU

Einbau der Zündgrundplatte, in diesem Fall ein 12-Volt-Umbau, in das Motorgehäuse. Vor dem Festziehen müssen die Markierungen ausgerichtet werden. Die Kabel sind zu ihrem Schutz durch Gummitüllen geführt; sie sollten auch vorhanden und intakt sein.

Der Halbmondkeil wird wieder in seine Aussparung eingelegt.

Beim Aufschieben des Lüfterrads sollten Sie auf das Fluchten des Keils mit der Nut achten.

Die Sternscheibe wird eingelegt, die Polradmutter aufgedreht und festgezogen. Im Bild ist die Anwendung eines Polrad-Haltewerkzeugs zu sehen. Sollte keines zur Verfügung stehen, wird die Kurbelwelle wie bei der Zerlegung blockiert und bei dieser Gelegenheit auch die Mutter der Hinterradnabe festgezogen.

ZYLINDERMONTAGE

Neue Kolbenringe werden in den Zylinder eingelegt und zur Bohrung ausgerichtet, um das Stoßspiel zu messen (es sollte zwischen 0,2 und 0,3 mm betragen). Falls der Ringspalt zu klein ist, werden die Enden behutsam mit einer Feile bearbeitet, bis das vorgeschriebene Maß erreicht ist.

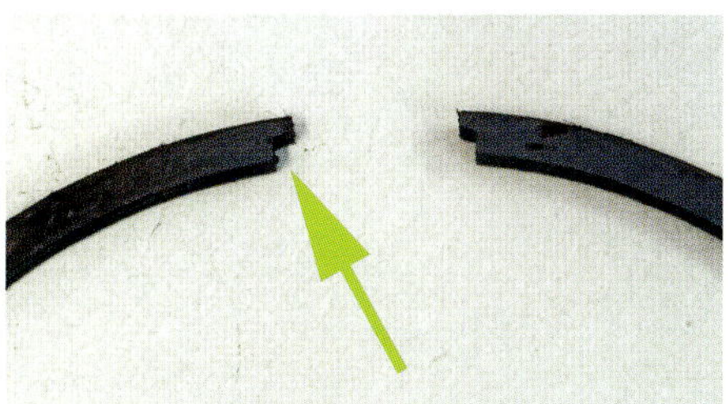

Die Ringenden haben einen Absatz, in den die Fixierstifte des Kolbens hineinragen.

Genau hinsehen, ob die Fixierstifte tatsächlich vorhanden und auch nicht locker sind. Falls der ursprüngliche Kolben wieder verwendet wird, muss sichergestellt sein, dass die Ringnuten frei von jeglichen Ölkohleablagerungen sind. Ein abgebrochenes Kolbenringstück eignet sich hervorragend zum Reinigen der Nuten.

Die Ringe können sehr locker sitzen, daher sollte die Lage der Fixierstifte markiert werden. Falls die Kolbenringe versehentlich verdreht werden, fällt sofort auf, wenn der Ringspalt nicht mehr mit der Markierung übereinstimmt.

Zum Aufziehen der Ringe werden ihre Stoßenden vorsichtig gespreizt, bis sie in die Nut eingelegt werden können.

Die Dichtfläche am Zylinderfuß muss vollständig sauber sein …

… genauso wie die Auspuffflansch-Dichtfläche.

Die Zylinderlaufbahn ist am unteren Ende angeschrägt, was den Einbau des Kolbens erheblich erleichtert.

Die Zylinderlaufbahn sollte für den Zusammenbau gut mit Motor- oder Zweitaktöl geschmiert werden.

Auf die Gehäusedichtfläche wird etwas Dichtmasse aufgetragen und die Papierdichtung aufgelegt. Dann wird das obere Pleuellager gut eingeölt eingesetzt.

Der Pfeil auf dem Kolbenboden zeigt in Richtung Auslasskanal.

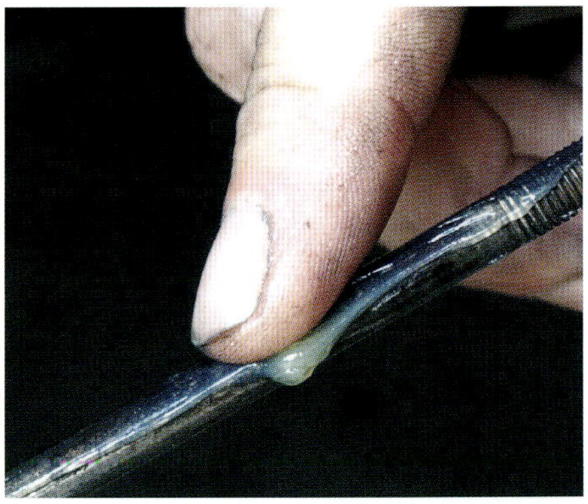

Auf die Zylinderstehbolzen wird Fett aufgetragen, um Korrosion zu vermeiden

Die Ringe werden zusammengedrückt und der Kolben in den Zylinder eingeführt. Das ist am einfachsten, solange der Kolben noch nicht auf dem Pleuel montiert ist.

Zylinder und Kolben werden auf die Stehbolzen aufgesetzt und so weit nach unten geschoben, bis der Kolbenbolzen und das obere Pleuellager fluchten. Dann wird der gut geölte Bolzen in das Pleuel eingeschoben; anschließend werden die Sicherungsringe eingesetzt. Sollte der Kolbenbolzen stramm sitzen, wird der Kolben leicht angewärmt und der Bolzen mit Schutzhandschuhen (gegen die Wärme) und einem passenden Dorn eingepresst.

Der Zylinderkopf wird aufgesetzt und die vier Scheiben, Federringe und Muttern montiert. Das Anzugsdrehmoment der Muttern beträgt 16 Nm.

Die Auspuffflanschdichtung wird aufgesetzt …

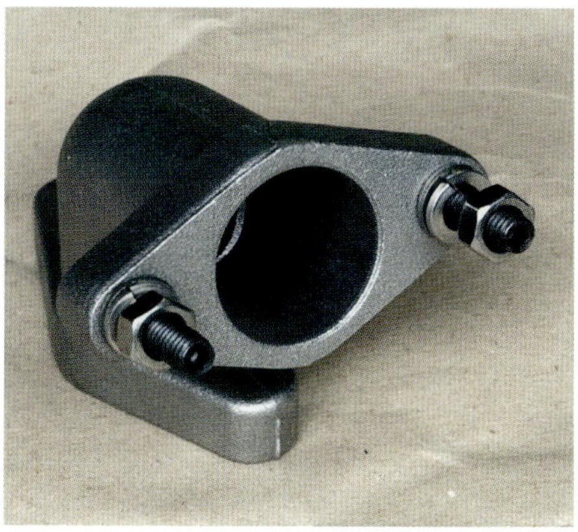

… gefolgt vom Auspuffkrümmer.

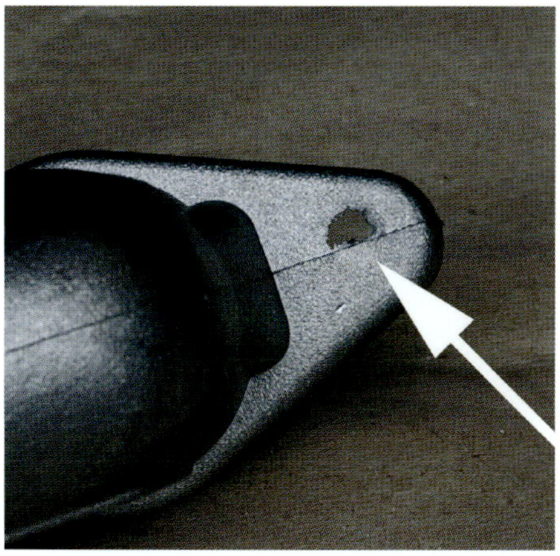

Dieses Neuteil wurde mit teilweise verschlossenen Montagebohrungen geliefert. Mit einer Feile werden die Bohrungen nachgearbeitet und anschließend jeglicher Materialabtrag entfernt.

Der Krümmer wird festgeschraubt.

Auf die Ansaugkrümmerdichtung wird beidseitig etwas Dichtmasse aufgetragen, denn an dieser kritischen Stelle dürfen keine Undichtigkeiten auftreten.

Der Ansaugstutzen wird mit Muttern und Federringen an den Stehbolzen befestigt

SILENTGUMMI DER STOSSDÄMPFER-AUFNAHME TAUSCHEN

Der Silentgummi in der hinteren Stoßdämpferaufnahme ist alt, hart und spröde.

Eine Mutter wird auf eine Gewindestange geschraubt und diese durch eine Stecknuss geschoben, deren Außendurchmesser gerade so groß ist wie derjenige des Silentgummis. Dann wird die Gewindestange durch die Stoßdämpferaufnahme gesteckt und auf der anderen Seite eine weitere Stecknuss aufgesetzt, deren Innenmaß etwas größer ist als der Außendurchmesser des Silentgummis. Durch Aufdrehen und Anziehen einer weiteren Mutter auf dieser Seite wird der Silentgummi aus dem Gehäuse in das Innere der großen Stecknuss gedrückt.

Mit Sandpapier werden aus der leeren Aufnahme Ablagerungen entfernt.

Beim Einbau wird am besten zuerst der Gummi ohne die innenliegende Metallhülse eingeschoben.

Dann wird die Hülse per Hand angesetzt.

Die Hilfsgewindestange von eben wird mit einer großen Scheibe versehen (Pfeil), die verhindert, dass der Gummi auf der gegenüberliegenden Seite wieder herausgedrückt wird. Durch Anziehen der Mutter wird die Hülse in den Silentgummi eingepresst.

Mittels passender Scheiben, die als Distanzstücke dienen, können kleinere Anpassungen zum Ausrichten vorgenommen werden.

SCHWINGENGUMMIS AUSTAUSCHEN

Die Silentgummis der Schwingenlager altern genauso wie der im hinteren Dämpferauge.

Im offenen Bereich der Traverse ist zu sehen, wo die beiden Hülsen aufeinander stoßen.

Mit einem Schraubendreher kann meistens eine der Hülsen ein Stück weit aus dem Gehäuse gehebelt werden. Das herausstehende Ende wird dann mit einer Gripzange gepackt und herausgezogen.

Das verbliebene Motorlager muss mit Spezialwerkzeug herausgezogen werden. Wieder kommt die Gewindestange zum Einsatz, diesmal mit einer aufgeschraubten Mutter auf der im Gehäuse befindlichen Seite.

Am Traversenende wird eine passende Stecknuss aufgesetzt, in die der Silentgummi beim Ausbau hineinrutschen kann, wenn die Mutter angezogen wird.

Nachdem das Motorlager etwas übersteht, kann es mit einer Gripzange gepackt und vollständig herausgezogen werden.

Auch hier wird die Bohrung mit Sandpapier gereinigt.

Neue Motorlager sind nicht teuer.

Die neuen Motorlager werden mit Seifenwasser „geschmiert" und mit Hilfe eines Schraubendrehers am Gehäuse angesetzt.

Dann können sie mit der Gewindestange und passenden Scheiben in ihre Einbaulage gezogen werden.

Die Elastizität der Silentgummis wirkt allerdings dagegen und ist der Grund dafür, dass die Motorlager sich weigern, vollständig hineinzurutschen. Daher ragen sie ein wenig aus der Aufnahme heraus.

In diesem Fall wird eine Stecknuss aufgesetzt, deren Außendurchmesser gerade so groß wie derjenige des Lagers ist. Auf diese Weise kann auch das widerspenstigste Lager in seinen Sitz gepresst werden.

Manchmal reißt die Hülse beim Ausbau aus dem Silentgummi heraus. Der Gummi muss dann herausgehebelt werden.

Motorlager mit durchgehender Hülse können völlig fest sitzen. Durch das Bohren mehrerer Löcher in den Gummi neben der Hülse wird diese gelöst, bevor sie mit Hilfe einer langen Gewindestange herausgezogen wird.

MOTOREINBAU

Der Motor wird unter dem Roller positioniert, am vorderen Ende angehoben, und der Motorbolzen wird durch die Aufnahmen der Karosserie und durch die Traverse der Schwinge geschoben. Dann werden das hintere Ende angehoben und der Stoßdämpfer angebracht. Beim Anheben muss darauf geachtet werden, dass der Ansaugstutzen sauber durch den Ansaugbalg im Rahmen rutscht.

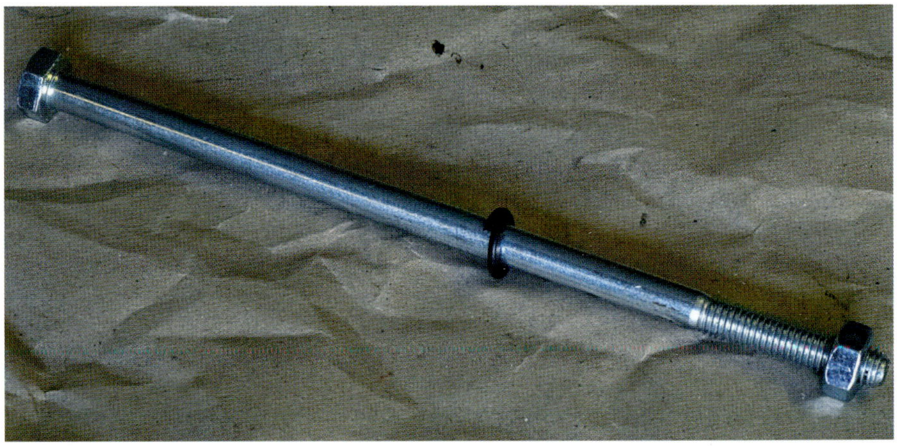

Der Motorbolzen korrodiert recht häufig. Falls der eingebaute bereits angegriffen ist, dauert es nicht lange, bis wieder Korrosion einsetzt. Ein Austausch des preiswerten Bauteils sollte in Betracht gezogen werden.

Vor dem Motoreinbau wird der Roller hinten abgestützt.

Der vordere Seilzug an der Schaltrolle am Lenkkopf wird auf der linken Seite der Schaltzugspindel an der Motorunterseite eingehängt – daher ist es vorteilhaft, die Seilzüge zu markieren.

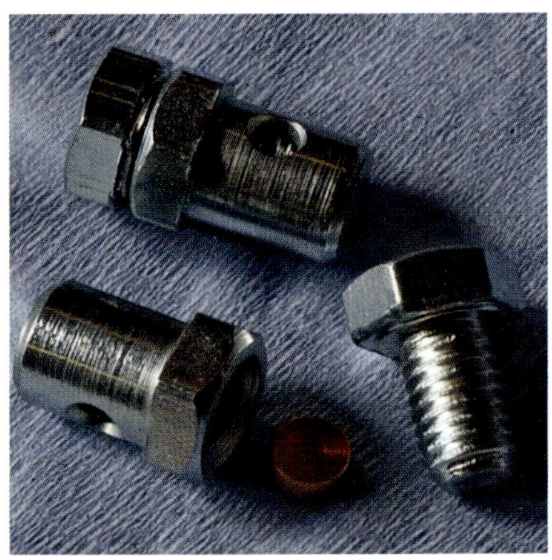

Ersatz-Klemmnippel haben meist zwei 8-mm-Sechskante anstelle der originalen, die einmal 7 und einmal 8 mm haben.

Klappt das nicht gleich, wird der Gummi vom Rahmen entfernt und auf den Stutzen geschoben. Er kann später von der linken unteren Rollerseite mittels eines Schraubendrehers über die Rahmenlippe gestülpt werden. Nachdem der Motor eingebaut und festgeschraubt ist, werden die Seilzüge eingehängt. Bei auf Leerlauf stehendem Schaltdrehgriff werden die Schraubnippel auf die Schaltzüge geschoben, in ihre Aufnahmen eingelegt und unter leichter Vorspannung der Innenzüge die Nippel festgezogen. Dabei überprüfen, dass sich der Schaltgriff nicht bewegt hat. Damit ist die Grundeinstellung vorgenommen. Nach der Inbetriebnahme des Rollers wird für eine einwandfreie Funktion eine Nachjustierung erforderlich sein. Der Kupplungshebel muss ein wenig angezogen und in dieser Stellung blockiert werden, bevor sich die Schraube am Klemmnippel festziehen lässt. Der kräftig dimensionierte Bremszug lässt sich einfach packen und straffen, wenn die Klemmmutter festgezogen wird.

Das Anschließen der elektrischen Leitungen ist ein einfaches Zuordnen der Kabel nach deren Farbe bzw. den eigenen Notizen. Oder, falls ein neuer Kabelbaum installiert wurde, anhand des mitgelieferten Schaltplans.

Das Getriebe wird mit normalem SAE30-Öl befüllt.

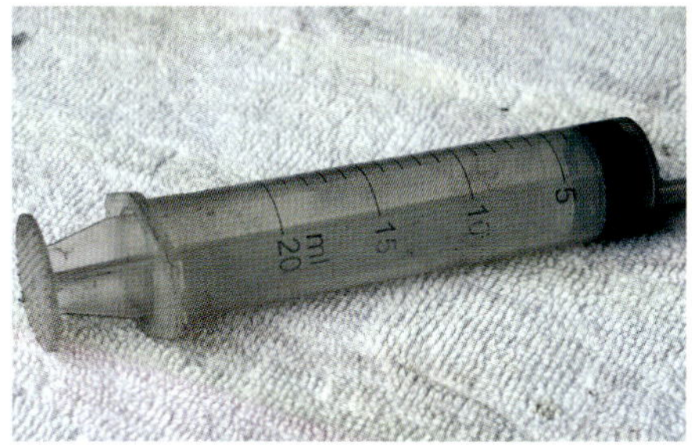

Am einfachsten lässt sich das Öl mit einer Einwegspritze in das Getriebe füllen, wobei die 20-ml-Größen hier die bessere Wahl sind. Rollerläden verkaufen oft größere Ausführungen mit 50 ml, die zwar ein schnelleres Arbeiten ermöglichen, aber bei den Smallframe-Modellen wegen ihrer Größe schlechter zu handhaben sind.

ANLASSEN

Das Getriebe wird mit SAE30-Öl befüllt. Die Einfüllöffnung dient auch zur Ölstandsprüfung. Das Reservoir sollte genau bis zur unteren Kante der Öffnung gefüllt sein. Also geringfügig mehr Öl einfüllen als hineinpasst und das überschüssige Öl abtropfen lassen. Dann die Verschlussschraube eindrehen und das Gehäuse reinigen. In den Tank werden einige Liter Kraftstoff mit 2 % beigemischtem Öl eingefüllt. Dazu sollte jetzt mineralisches Zweitaktöl verwendet werden, um das Einlaufen zu beschleunigen, während nach etwa 500 km auf halbsynthetisches Öl umgestellt werden kann.

Wenn alle internen Motorteile beim Zusammenbauen gut geschmiert wurden, gibt es keinen Grund, darüber hinaus noch zusätzliches Öl beizumischen. Nach dem Öffnen des Kraftstoffhahns wird überprüft, ob alle Schlauchverbindungen zum Vergaser und dieser selbst dicht sind. Dann wird der Kickstarter mehrere Male langsam vollständig durchgetreten, um den Motor Kraftstoff-Luftgemisch ansaugen zu lassen. Anschließend die Zündung einschalten (falls eingebaut) und den Kickstarter kräftig durchtreten, um den Motor anzulassen. Anfänglich wird das vom Zusammenbau im Motor vorhandene Öl beim Verbrennen für ansehnliche Ölwolken sorgen.

Der Motor wird sodann auf Ölundichtigkeiten und der Auspuff auf eventuelles Abblasen hin überprüft. Sobald der Motor Betriebstemperatur erreicht hat, erfolgt die Vergasereinstellung gemäß der Beschreibung im Kapitel „Kraftstoffsystem und Auspuffanlage“.

Die Ölablassschraube wird mit einer neuen Dichtung eingesetzt und festgezogen. Das Öl wird in die Kontrollschraubenöffnung eingegossen. Um sicherzugehen, dass der Ölstand stimmt, wird etwas mehr Öl als nötig eingefüllt. Überschüssiges Öl läuft dann ab und muss abgewischt werden.

Kapitel 2

Kraftstoffsystem und Auspuffanlage

BENZINTANK

Die Kraftstoffbehälter aller Modelle sind einander sehr ähnlich. Der Tank ist vorn mit zwei Schrauben mit 11 mm Schlüsselweite befestigt, hinten wird er mit dem Sitzbankzapfen befestigt (vorausgesetzt, dass eine Doppelsitzbank montiert ist). Falls ein Einzelsattel montiert ist, wird wahrscheinlich auch ein Gepäckträger installiert sein, der erst entfernt werden muss. Nach dem Herausdrehen der Schrauben werden bei geschlossenem Benzinhahn der Benzinschlauch vom Vergaser abgezogen und die Schlauchöffnung mit einem passenden Stopfen verschlossen. Der Benzinhahnhebel wird anschließend gedreht, bis er nach oben zeigt. Dann wird der Tank mit dem hinteren Ende zuerst angehoben, bis der Hebel durch die Rahmenöffnung nach innen verschwindet. Dabei muss vielleicht etwas gerüttelt werden, bis schließlich das Ganze nach oben aus dem Rahmen herausgehoben werden kann.

Der Tankausbau beginnt mit dem Herausnehmen des Werkzeugfachs. Die Seiten des Fachs werden dazu nach innen gedrückt und dann das Fach herausgezogen. Der Tank wird vorne mit zwei Schrauben und hinten mit dem Sitzbankzapfen gehalten. Zum Lösen ist ein Schlüssel mit 11 mm Schlüsselweite erforderlich.

Die Hauptsaboteure des Benzintanks sind Schmutz und Korrosion. Für leicht angerostete Tanks werden chemische Produkte angeboten, mit denen die Innenflächen gereinigt und versiegelt werden können. Das Mittel sollte sich mit dem Ethanol vertragen, das heutzutage im Kraftstoff ist. Stark verrostete Tanks sollten ersetzt werden. Es gibt sie neu und gebraucht, die Preise sind nicht hoch. Benzinschlauch und Schlauchklemmen werden bei einer Restaurierung erneuert; klare Kunststoffschläuche sind günstig und ermöglichen die Überprüfung der Kraftstoffzufuhr. Textilummantelte Leitungen sind – falls auf Originalität Wert gelegt wird – aber nur unwesentlich teurer.

Beim Wiedereinbau des Tanks wird der Benzinhahnhebel mit einer Hand durch die Öffnung geführt, während das vordere Tankende abgelassen wird. Sollte das nicht gelingen, kann mit Hilfe eines Drahts der Hebel durchgeführt werden, während der Tank in seine Aufnahme im Rahmen abgelassen wird.

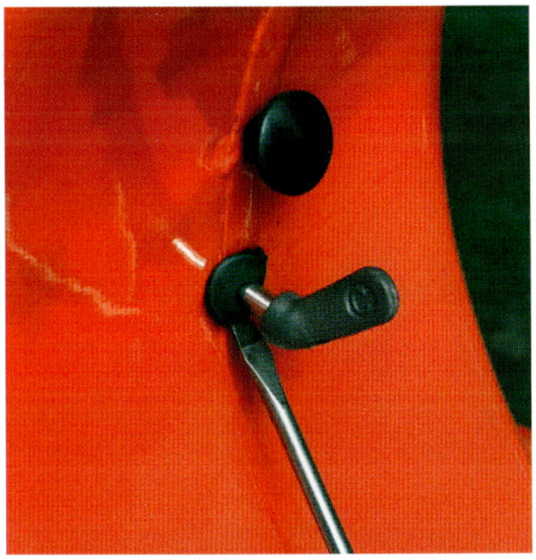

Der Gummistopfen des Benzinhahns muss entfernt werden. Er wird mit einem Schraubendreher nach innen gedrückt und später herausgeangelt.

Der Tankverschluss besteht aus zwei Teilen: dem Tankdeckel, der die Einfüllöffnung verschließt und der Tankdeckelverschraubung, die den Deckel festklemmt.

(Fehl)Bedienungsspuren sind an dieser Stelle allgegenwärtig: Hier wurde zum Beispiel der originale Splint durch eine Blindniete ersetzt, während die Haltemutter ihre Rändelung längst verloren hat.

Der Tankdeckel wird von einer Niete gehalten, die nur durch Abschleifen des Nietkopfs entfernt werden kann. Der verbliebene Nietschaft wird dann mittels eines passenden Dorns aus den Aufnahmebohrungen herausgeschlagen. Der Einbau einer neuen Niete ist knifflig, da der Platz zum Formen des Nietkopfs mit einem Hammer oder Dorn recht begrenzt ist. Ein Splint mit identischem Durchmesser erfüllt den gleichen Zweck.

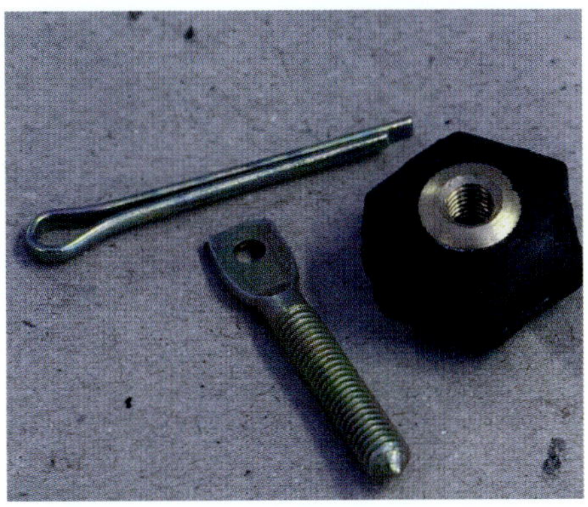

Falls erforderlich, können alle Teile zur Aufarbeitung neu erworben werden.

Die Tankdeckeldichtung kann mit einer geeigneten Spitze oder einem kleinen Schraubendreher herausgehebelt werden. Sie erfüllt eine wichtige Funktion und sollte prinzipiell ersetzt werden; denn wer möchte schon, dass beim Fahren nach der Restaurierung der Tankinhalt über die neue Lackierung schwappt?

Zum Ausbau des Benzinhahns aus dem Tank ist ein (nicht sehr teures) Spezialwerkzeug erforderlich.

Der Benzinhahnhebel wird mit einem Dauersplint fixiert, der durch eine Bohrung in der Hebelwelle gesteckt ist. Nach Entfernen des Splintes kann der Hebel herausgezogen werden. Am besten wird er gleich ausgebaut, ansonsten besteht immer die Versuchung, beim Lösen der Benzinhahnmutter über den Hebel gegenzuhalten, was ihn zwangsläufig verbiegen wird.

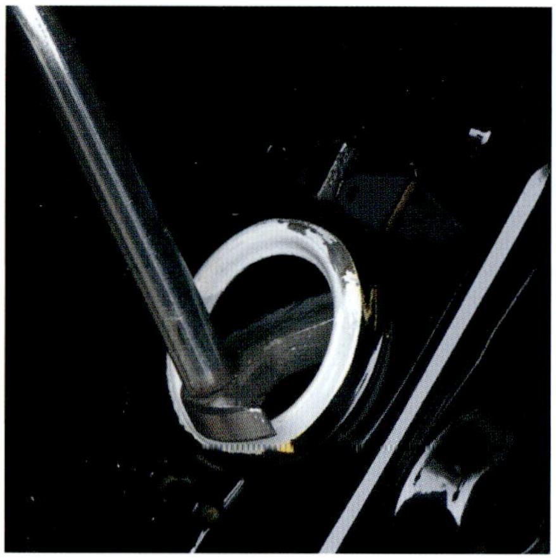

Auf den ersten Blick erscheint das Werkzeug zu groß für den Einfüllstutzen. Wenn aber zuerst die längere Seite eingeführt wird, lässt sich anschließend der Rest durch eine Drehbewegung einfädeln.

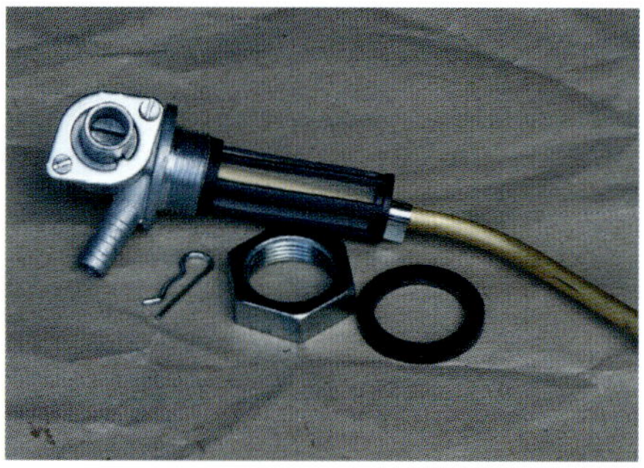

Bei diesem Benzinhahn samt Kleinteilen handelt es sich um Neuware.

Ist der Hahn in gutem Zustand, kann er weiterverwendet werden. Allerdings sollte zumindest die innenliegende Dichtung ausgetauscht werden. Dazu drehen Sie zuerst die beiden Schrauben der Halteplatte heraus.

Als nächstes die darunterliegende Wellscheibe entnehmen, gefolgt von dem Gussteil, das den Benzinhahnhebel aufnimmt. Das Bauteil muss sauber und frei von jeglichen Verkrustungen sein, die eine neue Dichtung beschädigen könnten.

Mit einer feinen Spitze kann die Dichtung herausgehebelt und ersetzt werden. Überprüfen Sie, ob alle Bohrungen frei von Ablagerungen sind. Die neue Dichtung wird vorsichtig eingelegt und der Benzinhahn wieder zusammengebaut.

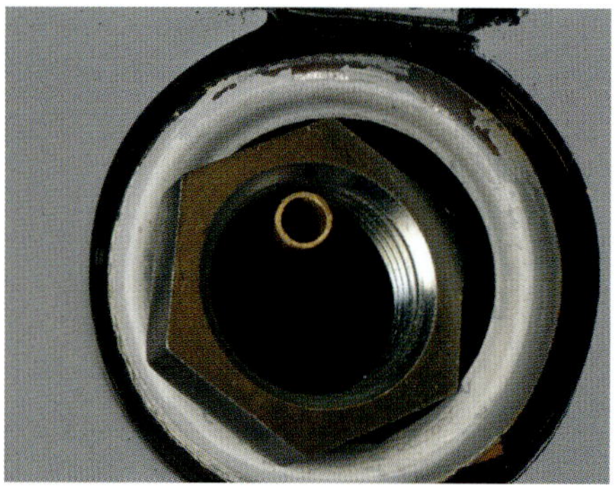

Beim Einbau wird der Benzinhahn in den Tank geschoben, dabei die zwischen Benzinhahn und Tank eingelegte Gummidichtung nicht vergessen. Die Befestigungsmutter wird über das Messingröhrchen geschoben und der Benzinhahn leicht geschüttelt, um die Mutter bis zum Gewinde rutschen zu lassen.

Der Benzinhahn wird festgehalten und mit einem langen Schraubendreher der Mutter aufs Gewinde geholfen. Das ist normalerweise nicht schwer, da das Gewinde recht grob ist und die Mutter ein ganzes Stück leicht gedreht werden kann, bis das Spezialwerkzeug erforderlich ist.

Zum Festziehen der Mutter den Benzinhahn festhalten. Dabei darauf achten, dass er in die richtige Richtung weist, damit er später mit dem durch das Rahmenloch geschobenen Benzinhahnhebel richtig ausgerichtet ist.

Der preisgünstige Benzinschlauch sollte stets ersetzt werden. Soll die Restaurierung möglichst originalgetreu sein, gibt es auch textilummantelte Schläuche. Die preiswerteren Kunststoffschläuche erfordern mitunter das behutsame Anwärmen der Enden mit einer Heißluftpistole, um sie für das Aufschieben auf den Benzinhahnanschluss geschmeidiger zu machen. Der neue Schlauch wird mit einer Schlauchklemme auf dem Benzinhahn gesichert.

VERGASER

Smallframe-Modelle sind mit Flachschiebervergasern vom Typ Dellorto SHB/SHBC ausgerüstet – mit 19 mm Querschnitt bei den 125ern und 16 mm bei den anderen Modellen. Sie haben alle den gleichen Aufbau und unterscheiden sich nur in Details.

Der Vergaser ist mittels einer Klemmschelle am Ansaugstutzen befestigt (und wird vermutlich schon entfernt sein, falls der Motor ausgebaut wurde). Falls nur der Vergaser ausgebaut werden soll, wird die Schelle gelöst und der Vergaser durch Hin- und Herdrehen abgezogen, was zum Geduldsspiel ausarten kann. Da heißt es überlegt vorgehen und sich nicht zu brutalem Krafteinsatz hinreißen lassen, da der Flansch brechen kann. Ist er schließlich abgezogen, wird der Chokezug am Chokehebel ausgehängt, aber noch am Vergaser belassen. Der Gaszug wird durch Aushängen am Betätigungshebel direkt entfernt.

Bei Arbeiten am Vergaser ist Sauberkeit oberstes Gebot, besonders beim Zusammenbau. Die Teile werden gründlich gereinigt und anschließend ebenso gründlich trockengeblasen, wobei auch die Bohrungen und Kanäle im Vergasergehäuse nicht zu kurz kommen sollten.

Ausgewiesener Vergaserreiniger empfiehlt sich, Kraftstoff sollte vermieden werden, da er krebserregende Bestandteile enthält und sehr leicht entzündlich ist. Falls kein Kompressor für die erforderliche Druckluft zum Ausblasen zur Verfügung steht, kann beim örtlichen Computerhändler Druckluft in der Dose erworben werden (wie sie zum Reinigen von Tastaturen und anderen Geräten verwendet wird).

Falls der Roller lange Zeit außer Betrieb war, können sich sehr resistente interne Ablagerungen gebildet haben, die sich durch Einweichen und Ausblasen nur schwer entfernen lassen. Wenn dieser Verdacht besteht, sollte eine Reinigung im Ultraschallbad in Betracht gezogen werden. Wem das alles viel zu mühsam ist, der kann natürlich auch die Anschaffung eines neuen Vergasers erwägen. Auch der ist nicht wirklich teuer.

Denken Sie daran, dass Düsen empfindliche Bauteile sind und nicht übermäßig fest angezogen werden dürfen. Beim Wiedereinbau des Vergasers kann beim Aufschieben auf den Ansaugstutzen die äußere Aluminiumhülse, auf der auch die Klemmschelle sitzt, in Richtung Motor zurückrutschen. Sie kann von der Unterseite des Rollers gehalten wer-

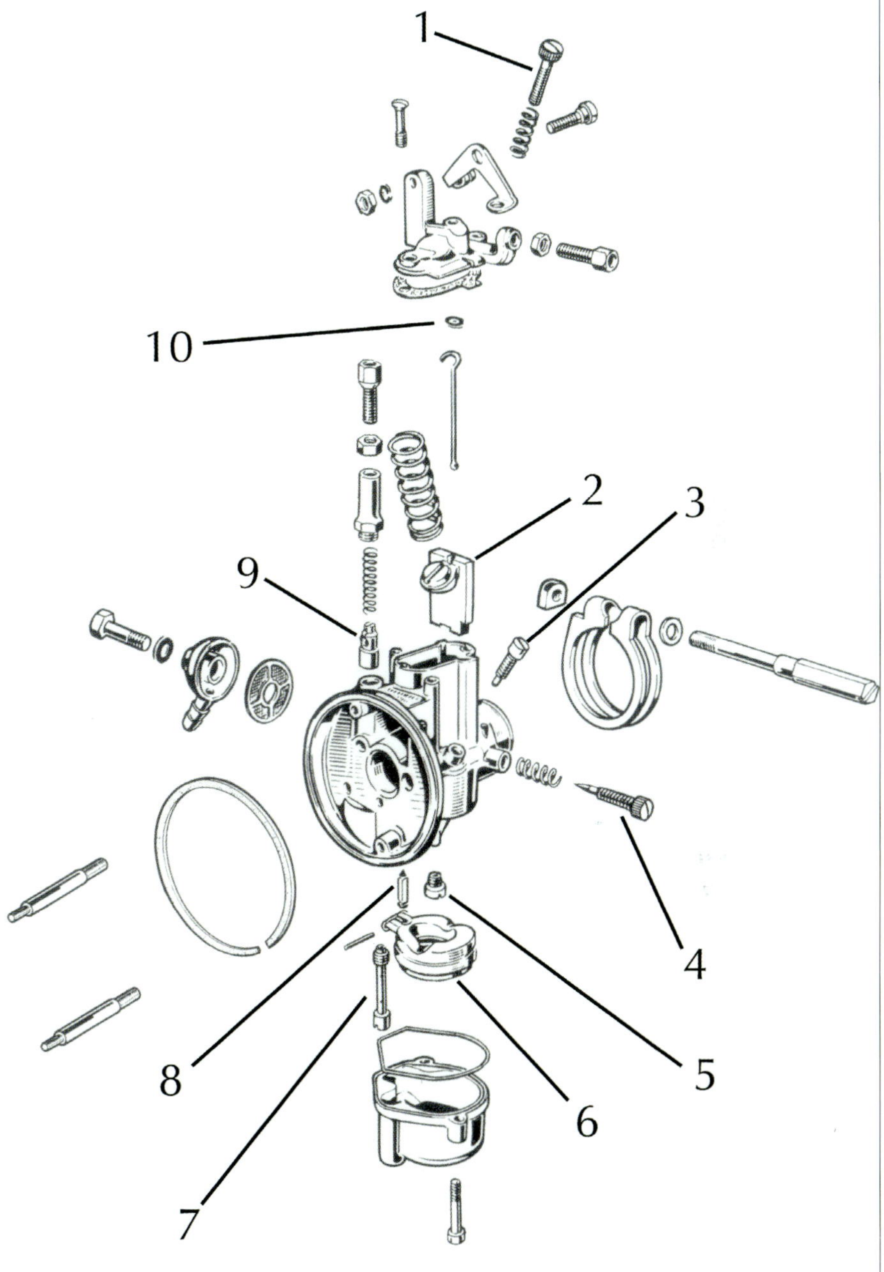

1. Gasschieberanschlagschraube, 2. Gasschieber, 3. Leerlaufdüse, 4. Gemischeinstellschraube, 5. Hauptdüse, 6. Schwimmer, 7. Chokedüse, 8. Schwimmernadel, 9. Chokekolben, 10. Zugankerdichtung
Mit freundlicher Genehmigung von Eurocarb Ltd (www.dellorto.co.uk)

den, bis alles an Ort und Stelle ist. Falls in den Rahmen ein neuer Ansaugbalg eingesetzt wurde, kann er etwas zu groß ausgefallen sein, so dass sich der Vergaser nicht auf den Ansaugstutzen schieben lässt. Hier ist dann etwas Nacharbeit angesagt. Das kann durch den sehr engen Zugang zum Rahmeninnern etwas fummelig sein.

Nach dem Einbau des überholten Vergasers ist die Feineinstellung erforderlich. Über die Gasschieberanschlagschraube – Nr. 1 in der Zeichnung auf Seite 45 – wird die Leerlaufdrehzahl so eingestellt, dass der Motor nicht ausgeht. Dann wird – ausgehend von der Anfangseinstellung – durch langsames

(Fortsetzung auf S.51)

In den Stehbolzendurchführungen des Luftfiltergehäuses sollten sich Distanzhülsen befinden, die beim Festziehen der Befestigungsmuttern das Zusammendrücken des Gehäuses verhindern. Falls sie fehlen, müssen sie beim Wiedereinbau ersetzt werden.

Der Benzinfilter kann zylinderförmig wie abgebildet oder scheibenförmig sein. Er wird vorsichtig ausgebaut und gründlich gereinigt. Sollte das Gewebe beschädigt oder völlig zugesetzt sein, ist er zu ersetzen.

Die Vergaser aller Smallframe-Modelle ähneln einander sehr und sollten ausgebaut etwa so aussehen. Am zweckmäßigsten wird der Vergaser mit noch montiertem Luftfiltergehäuse entfernt.

Die Luftreinigung erfolgt bei den meisten Modellen sehr einfach in Form eines ölbenetzten Drahtgewebes, in dem Staub und Schmutz gebunden werden.

Der Chokezug verläuft durch eine Führungshülse mit Gewinde. Zum Ausbauen wird ein 9-mm-Schlüssel am Sechskant der Hülse angesetzt.

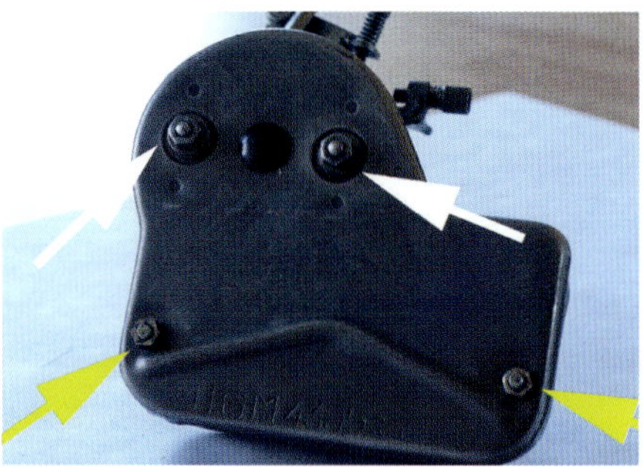

Das Luftfiltergehäuse ist über Muttern (weiße Pfeile) am Vergaser befestigt; bei manchen Modellen können es Flügelmuttern sein. Die übrigen Muttern (gelbe Pfeile) halten das Luftfiltergehäuse zusammen. Einige spätere Modelle haben ein Kunststoffgehäuse.

Der Beninfilter sitzt unter dieser Kappe, deren Halteschraube sich mit Schraubendreher oder -schlüssel entfernen lässt. Jedes Mal, wenn der Anschluss entfernt wurde, muss die eingelegte Dichtung erneuert werden. Die Schraube nicht zu fest anziehen!

Nach dem Ausbau der Führungshülse kann die Kaltstarteinrichtung aus dem Vergasergehäuse herausgezogen werden.

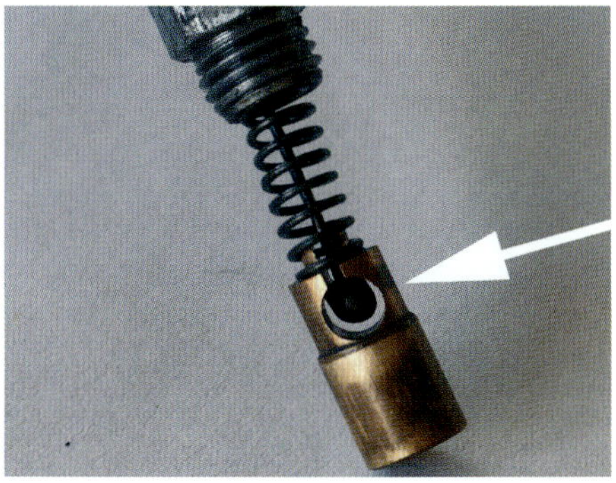

Zum Aushängen des Seilzugs aus dem Chokekolben wird die Feder zusammengedrückt, worauf das kugelförmige Ende seitlich aus dem Schlitz herausgezogen werden kann. Den Chokekolben auf tiefe Riefen und andere Schäden untersuchen. Außerdem sollte er sauber sein, diese Teile verkleben sehr gerne.

Nach deren Ausbau wird der Deckel durch die Vorspannung der Gasschieberfeder abgedrückt, und das Ganze kann vorsichtig aus dem Vergasergehäuse herausgezogen werden.

Sobald die Feder den Weg freigibt, kann der Zuganker aus dem Gasschieber rutschen. Sein kugelförmiges Ende wird auf Einkerbungen und andere Verschleißerscheinungen überprüft.

Der seilzugbetätigte Hebel ist auf dem Gasschieberdeckel gelagert und trägt die Gasschieberanschlagschraube (Nummer 1 in der Zeichnung). Diese Teile bleiben jetzt noch unangetastet.

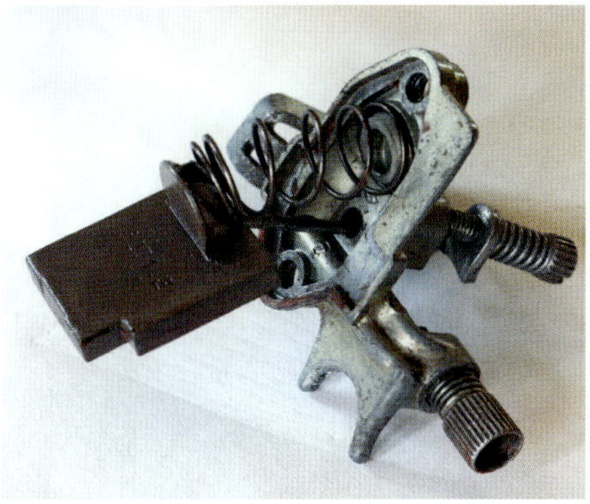

Aufmerksamkeit erfordert die exakte Einbaulage der Feder zum Zuganker, der den Schieber nach oben und unten bewegt. Zwischen Deckel und Gehäuse sollte eine Dichtung eingelegt sein, wie hier fehlt sie meistens.

Der Gasschieber selbst wird an seinen Anlageflächen im Gehäuse untersucht. Leichte Laufspuren sind nicht ungewöhnlich, aber die Kanten sollten noch ausgeprägt und nicht abgerundet sein und keine tiefen Riefen aufweisen. Falls der Schieber stark verschlissen ist, wird auch das Vergasergehäuse in Mitleidenschaft gezogen worden sein. In diesem Fall bringt der alleinige Tausch des Gasschiebers keine Verbesserung; der Vergaser muss ersetzt werden.

Der Gasschieberdeckel samt Hebel ist mittels zweier Schlitzschrauben am Gehäuse befestigt.

Zum Aushängen des Zugankers wird die Feder leicht zusammengedrückt, damit sie sich von ihrem Sitz abheben lässt.

Die Zugankerführung im Schieberdeckel ist mit einer Gummidichtung versehen (Pfeil).

Um die Dichtung zu erneuern, muss der Zuganker ausgebaut werden, was wiederum den Ausbau des Hebels erfordert. Dazu wird die Mutter mit SW 8 entfernt und die Schraube (Hebelachse) ausgebaut. Jetzt kann der Zuganker herausgezogen werden.

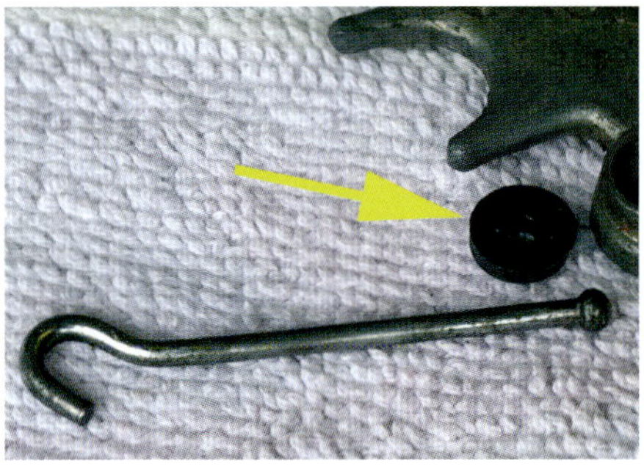

Das kugelförmige Ende wird sich sträuben, die Dichtung zu verlassen, da der Gummi mit großer Wahrscheinlichkeit alterungsbedingt ausgehärtet ist. Mit einer Zange wird der Zuganker gepackt und herausgezogen. Der Einbau mit einer neuen Dichtung ist dagegen einfacher.

Die Gemischeinstellschraube (Nr. 4 in der Zeichnung) ist mit einer Feder versehen. Zählen Sie die Umdrehungen beim Herausdrehen, bis die Schraube freikommt. Beim Zusammenbau drehen Sie die Schraube um die gleiche Zahl von Drehungen wieder ein und haben so zumindest grob die alte Einstellung wieder.

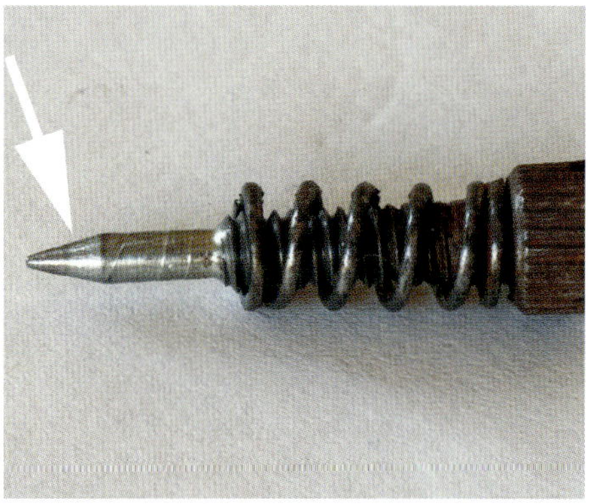

An der ausgebauten Schraube wird der Zustand der Kegelspitze überprüft. Sie ist häufig deformiert und lässt keine korrekte Einstellung mehr zu – austauschen.

Die Leerlaufdüse sitzt neben der Gemischeinstellschraube und lässt sich einfach herausdrehen.

Auf ihr ist die Größe eingeprägt, die mit der Angabe im Werkstatthandbuch verglichen werden muss. Sollte sie verschmutzt sein, wird sie mit Vergaserreiniger gesäubert und alle Bohrungen werden mit Druckluft durchgeblasen.

Die Schwimmerkammer ist mit zwei Schlitzschrauben befestigt.

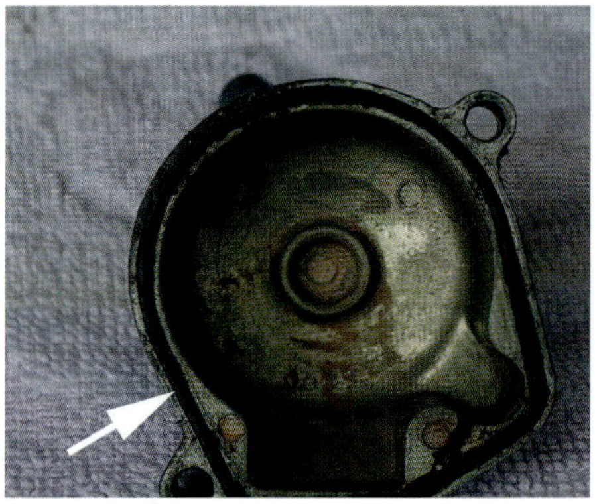

Der O-Ring in der Schwimmerkammerdichtfläche sollte bei der Überholung erneuert werden, auch wenn der Einbau eines neuen recht fummelig ist. Die abgebildete Schwimmerkammer ist relativ sauber. Falls der Roller einige Zeit nicht gefahren wurde, findet man hier eine klebrige Masse, oder – noch schlimmer – ausgehärtete kristalline Rückstände alten Kraftstoffs.

Bei abgenommener Schwimmerkammer tritt der ringförmige Schwimmer zu Tage (unterer weißer Pfeil). Er ist auf der Schwimmerachse gelagert, die durch zwei Gehäuseangüsse verläuft (oberer weißer Pfeil). Der obere gelbe Pfeil zeigt auf die Chokedüse (Nummer 7 in der Zeichnung), der untere auf die Hauptdüse (Nummer 5 in der Zeichnung).

Zum Ausbau der Schwimmerachse wird diese mit einem passenden Dorn aus den Gehäuseaufnahmen herausgedrückt. Die Bohrung im Schwimmer, durch die sie verläuft, ist deutlich sichtbar (gelber Pfeil). Der Schwimmer muss vorsichtig ausgebaut werden, da die Schwimmernadel hier in einer schlitzförmigen Aufnahme steckt. Sie lässt sich herausnehmen, sobald der Schwimmer ausgebaut ist.

Bei ausgeschlagener Lagerung bewegt sich der Schwimmer auch seitlich und schabt an den Seitenwänden der Schwimmerkammer, was deutlich sichtbare Spuren hinterlässt. Die einzige Abhilfe ist hier der Austausch von Schwimmer und Schwimmerachse.

Die Schwimmernadel neigt zu Druckstellen und da sie so klein ist, kann Verschleiß nur schwer beurteilt werden. Sie ist billig und wird daher gleich ersetzt – und zwar gegen eine Ausführung, die bleifreien Kraftstoff verträgt (erkennbar normalerweise an der roten Spitze).

In die Hauptdüse ist ebenfalls die Größenangabe eingeprägt. Zeigt die Überprüfung, dass sie richtig ist, wird sie gereinigt und durchgeblasen. Düsen sind ebenfalls preiswert und schwierig auf eventuelle Abweichungen zu überprüfen. Also am besten erneuern.

Die Chokedüse wird wie alle anderen Düsen von Ablagerungen gereinigt und durchgeblasen.

Zwischen Vergaser und Luftfiltergehäuse gehört eine Papierdichtung. Sie wird entfernt und durch eine neue ersetzt.

Die Stehbolzen zur Luftfilterbefestigung können mit einer Zange entfernt werden, die man am glatten Schaftbereich ansetzt; sie sollten nicht allzu fest sitzen.

Das Vergasergehäuse sorgfältig reinigen und auf Schäden überprüfen. Das Material reißt im Befestigungsbereich am Ansaugstutzen leicht ein.

Alle Bohrungen werden mit Druckluft durchgeblasen; die Dichtflächen für den Wiederzusammenbau gereinigt und überprüft.

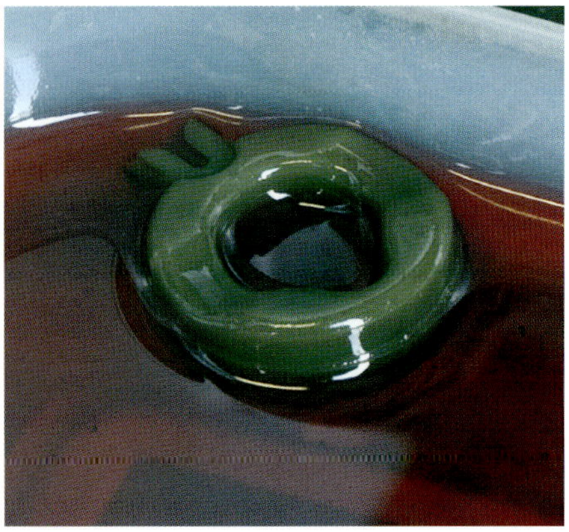

Wenn der alte Schwimmer wieder eingebaut werden soll, ist eine Dichtheitsprüfung ratsam. Dazu wird er für einige Zeit in Vergaserreiniger eingelegt. Er darf nicht untergehen und keine Flüssigkeit aufnehmen.

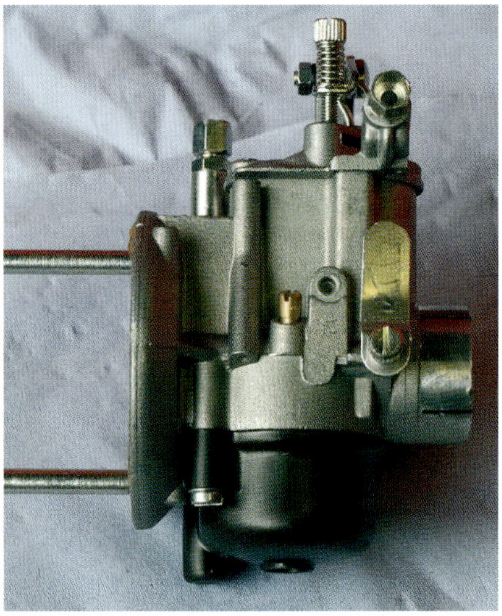

Eine Alternative zur Überholung ist der Kauf eines neuen Vergasers (glücklicherweise gibt es für alle Modelle Ersatz). Dieser neue Dellorto-Vergaser kostet soviel wie anderthalb Reifen und hält erheblich länger.

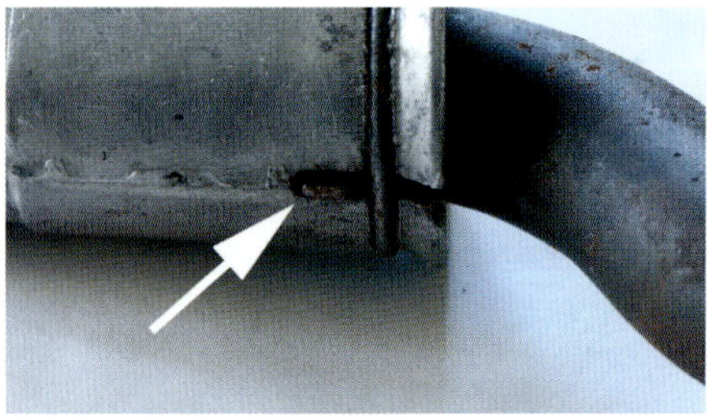

Am Vergaser sitzt die Ansaugstutzenhülse, die mittels Klemmring auf dem Ansaugstutzen gesichert ist.

Der einfachste Weg, die beiden Teile zu trennen, ist den Klemmring mit einem Schraubendreher in seiner Nut soweit zu verdrehen, bis ein Ende mit einem Schlitz bündig abschließt. Durch seitliches Schwenken kann die Hülse dann abgenommen werden.

Neue Ansaugstutzenhülsen sind problemlos erhältlich. Schadhafte haben übrigens in der Regel Risse um die Schlitze herum.

Neuteile sollten vor dem Einbau überprüft werden: Dieses hat noch etliche Gussrückstände, die mit einer Feile oder einem stabilen Cuttermesser beseitigt werden müssen.

Zwischen Ansaugstutzen und Hülse ist ein Filzring eingesetzt. Da er schnell an Form verliert und sich auflöst, sollte er grundsätzlich erneuert werden.

Der Stutzen des Vergasers liegt am Ende zwischen dem am Motor befestigten Ansaugstutzen (blauer Pfeil) und der Ansaugstutzenhülse (gelber Pfeil). Der Filzring wird vor der Vergasermontage eingelegt; und die Klemmschelle (weißer Pfeil) fixiert das Ganze.

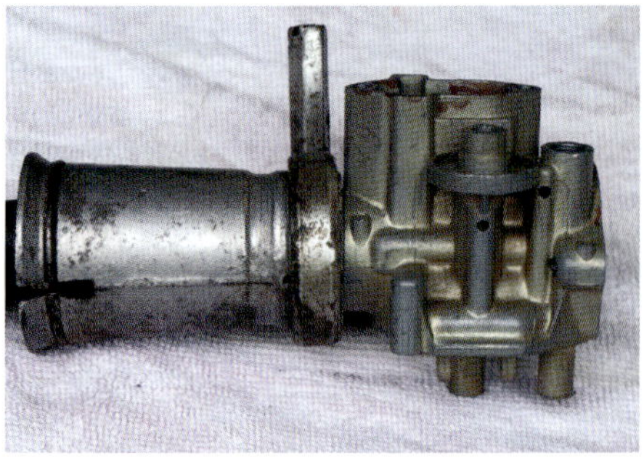

Das Endresultat wird so aussehen (natürlich dann mit dem vollständigen Vergaser und nicht nur mit dem hier gezeigten Gehäuse).

Brems- und Kupplungshebel sind an der Unterseite mit selbstsichernden Muttern (SW 8) versehen. Nach ihrem Ausbau kann die Hebelschraube – mit Schlitz oder Kreuzschlitz – herausgedreht werden.

Bei einigen Modellen waren an der Lenkerkopfunterseite für Gas- und Schaltrohr Abdeckungen vorhanden, die sehr häufig fehlen. Falls absolute Originalität gewünscht ist, kann Ersatz in Metallausführung erstanden werden.

Vor dem Abhebeln der Schalterabdeckung mit einem Schraubendreher müssen die Schalterhebel so gestellt sein, dass sie aus den Aussparungen der Abdeckung herausrutschen können. Der eigentliche Schalter findet sich darunter und ist mit einer Schraube befestigt. Die Schraube wird entfernt und der Schalter vom Lenker abgenommen. Anschließend werden die Kabel abgeklemmt. Farben und Zuordnung notieren, wenn Schalter und Kabelbaum weiterverwendet werden sollen.

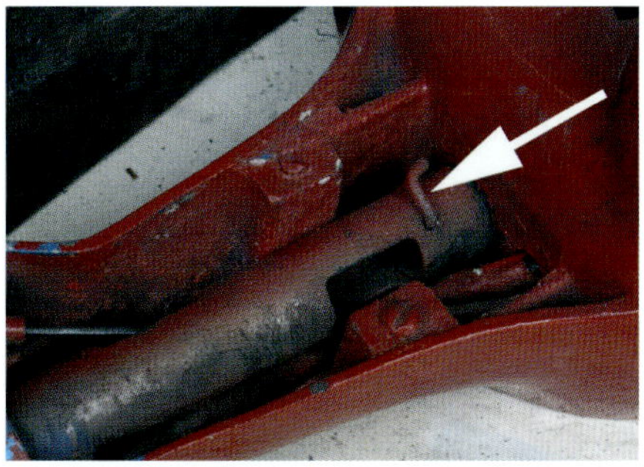

Gas- und Schaltrohr werden von Federklammern gehalten (Pfeil). Bei einigen Modellen kommt man von unten heran, bei anderen von der Innenseite her, aber das Prinzip ist das gleiche. Die Federklammer wird mit einem Schraubendreher herausgehebelt, was allerdings etwas fummelig sein kann.

Nach dem Entfernen der Klammer lässt sich das Rohr aus dem Aluminiumgehäuse ziehen. Achten Sie auf die Rückstellfeder auf der Gasrohrseite.

Korrosion am Aluminiumguss oder – wie hier zu sehen – abblätternde Farbe behindern oft den Ausbau der Rohre. Eine Kombination aus geduldigem Wackeln, Abkratzen störenden Materials und dem Einsatz von Kriechöl wird schließlich zum Erfolg führen. Mäßiges Anwärmen des Leichtmetalls im betreffenden Bereich kann notfalls helfen.

Auf der Schalthebelseite ist eine große Anlaufscheibe eingelegt, die durch altes Fett am Lenkerkopf festkleben kann. Sie wird beiseitegelegt und später gereinigt wieder eingebaut.

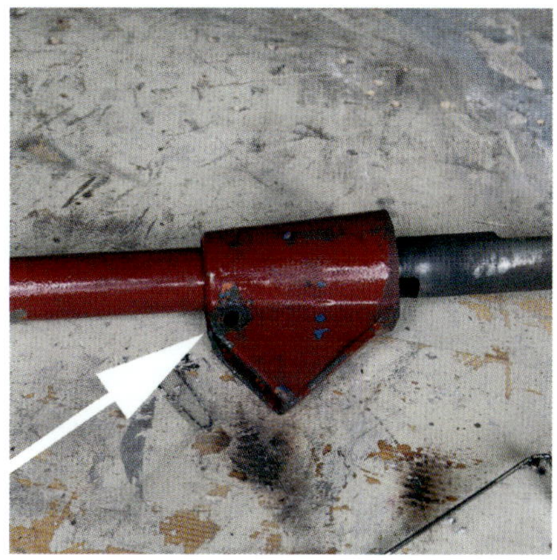

Die Rohre werden auf Verschleiß und Korrosion geprüft. Außerdem sollten die Bohrungen für die Hebelschrauben nicht oval aufgeweitet sein (Pfeil).

Das Abschleifen der alten Farbe kann sehr aufschlussreich sein. Dieser Roller war ursprünglich orangefarben, dann blau und schließlich rot lackiert.

Sollten die alten Rohre weiterverwendet werden, benötigen sie mit Sicherheit eine gründliche Reinigung. Eine einfache Zahnbürste ist bestens geeignet, um auch unzugängliche Stellen zu erreichen.

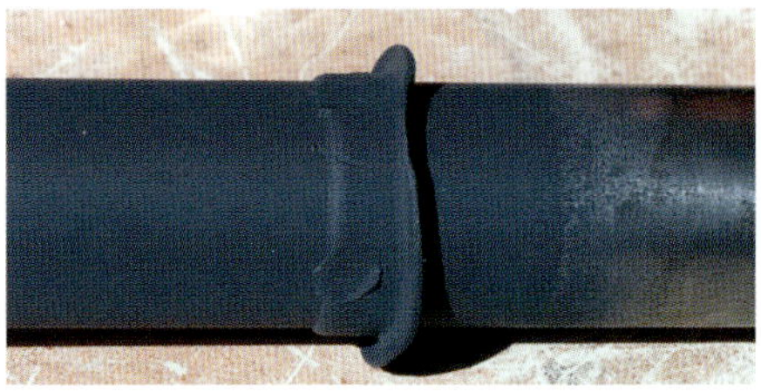

Es ist immer wieder erstaunlich, welche Schäden bei einer Restaurierung ans Licht kommen. Dieser Ring dient als Anschlag für den Handgriff und wurde vermutlich bei früheren Grifftauschaktionen verbogen. Mit etwas Geduld und einer Zange kann er wieder gerade gerichtet werden. Etwas Oberflächenrost oder leichte Grübchenbildung schließen eine Wiederverwendung der Rohre nicht aus, aber sie sollten vorher eine Behandlung mit Rostumwandler und Haftgrund aus der Sprühdose erfahren.

Gas- und Schaltzugrolle werden mit einer weichen Drahtbürste gereinigt und die Bohrungen und Schlitze der Seilzugaufnahme auf Verschleiß geprüft. Die Bohrungen weiten sich oft oval auf …

… genauso wie die Bohrungen der Federklammer, wie hier gut sichtbar ist.

Die Federklammern selbst rosten und nutzen sich an den Enden ab (Pfeil).

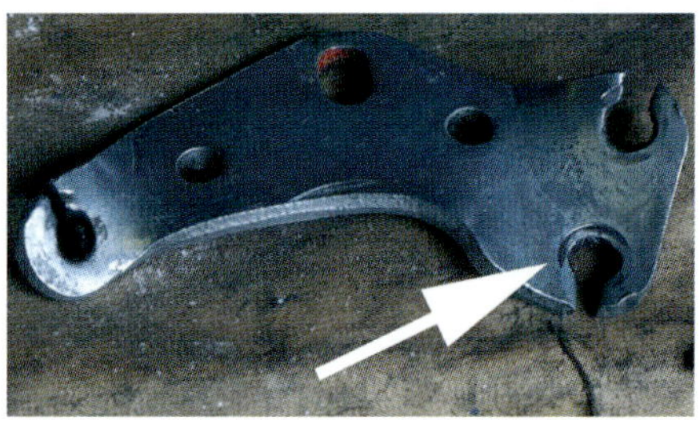

Die Ankerplatten sind auch nicht vor Schäden geschützt. Bei einigen Modellen sind sie in Kunststoff ausgeführt und diese wollen gründlich auf Rissbildung geprüft sein.

Abgerissene Schrauben an der Lenkerunterseite, etwa von Spiegelhaltern, sind an der Tagesordnung. Zum Ausbohren des im Leichtmetallguss verbliebenen Rests wird dieser abgeschliffen und dann zur besseren Führung des Bohrers mittig angekörnt.

Mit einem Bohrer, der etwas kleiner ist als der Schraubenschaft, wird nun die Schraube möglichst zentrisch und gerade durchbohrt.

Zurück bleibt ein dünnwandiger Schraubenrest, an dem ein Ausdrehwerkzeug angesetzt werden kann.

Durch Anwärmen dehnt sich der Leichtmetallguss stärker aus als der Stahl der Schrauben, was beim Lösen hilft.

Gas- und Schaltzugrollen werden eingefettet und die Haltenasen der Scheiben in die vorgesehenen Aussparungen eingesetzt.

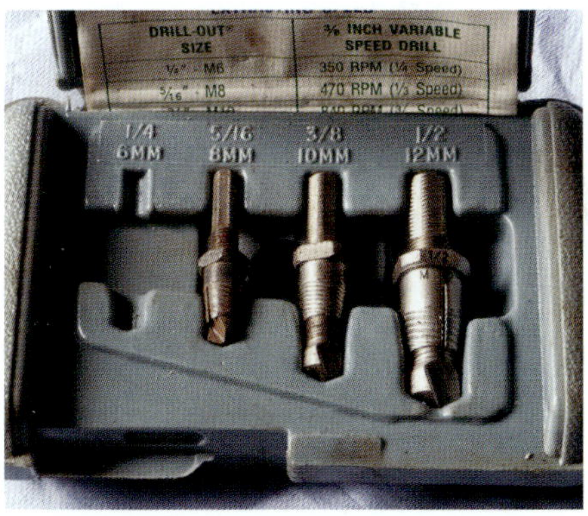

Im Werkzeughandel werden etliche Ausdrehwerkzeuge angeboten, wobei jedes seine Vor- und Nachteile hat.

Mit dem Einbau der Ankerplatte beginnt nach dem Lackieren der Zusammenbau.

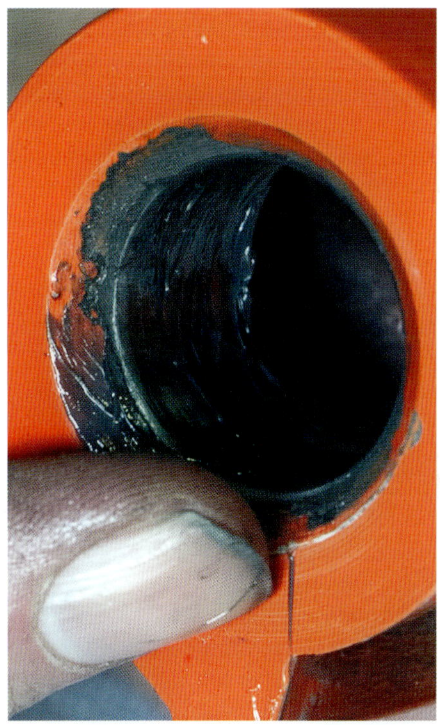

Die Auflageflächen, in denen sich später die Griffrohre drehen, werden gründlich vom Farbnebel gereinigt und dann großzügig gefettet, um der Korrosionsbildung vorzubeugen.

Anschließend werden die Gewinde mit einem Gewindebohrer von Rückständen gereinigt und überprüft.

Die Anlaufscheibe auf der Schalthebelseite wird gefettet und aufgelegt.

Vergessen Sie nicht, die Feder auf der Gasrohrseite einzubauen.

Die beiden Rohrstücke werden eingeschoben und mit den Federklammern gesichert. Das kann etwas knifflig sein, daher sollten die Rohre so gedreht werden, dass das Bowdenzugfenster sichtbar ist. Mit einem Schraubendreher kann dann das Klammerende in die Bohrung eingeführt werden.

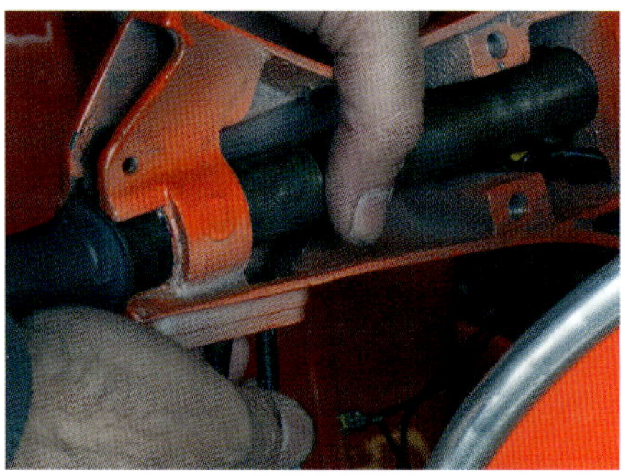

Der Kabelbaum wird unter dem Rohr durchgeführt und durch die Schalteröffnung nach außen gezogen. Falls ein neuer Kabelbaum einen zusätzlichen Nebenkabelbaum für den Scheinwerfer beinhaltet, wird dieser jetzt ebenfalls verlegt. Mit einem Bindedraht lässt sich der Kabelbaum auch um schwierige Ecken ziehen.

Nach dem Einbau der Griffrohre können der Lenkerkopf wieder auf die Lenksäule aufgesetzt und die Seilzüge eingehängt werden. Für diese Arbeit ist eigentlich eine dritte Hand erforderlich, aber ein durch den Lenkerkopf gezogener Kabelbinder, der bei Bedarf gelöst wird, erfüllt diese Funktion auch. Ein untergelegtes Tuch verhindert Kratzer.

Einer der beiden Schaltzüge wird sowohl oben am Lenkkopf als auch unten am Getriebe markiert. So finden Sie beim Einhängen problemlos die Zuordnung, mit der die Schaltung richtig arbeitet. Manche Schaltzüge werden mit verschiedenfarbigen Außenhüllen geliefert, und das Anbringen eigener Markierungen erübrigt sich.

Der Bremszug wird über zwei versetzte Fenster im Gasrohr geführt und endet in der angegossenen Bremshebelaufnahme.

Zum Einhängen der Züge in ihre Aufnahmen im Lenkerkopf ist eine lange Spitzzange erforderlich. Es sollte aber ohne größere Schwierigkeiten schnell zu bewerkstelligen sein.

Die Bowdenzüge werden an der Halteplatte und den Hebeln durch diese Endhülsen geführt, die als Anschläge für die Seilzughüllen dienen.

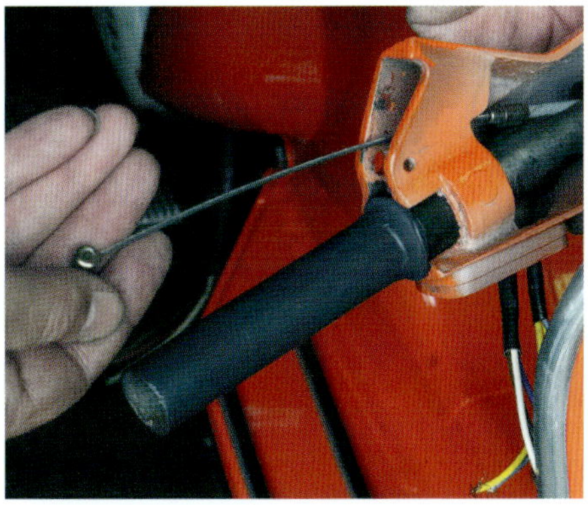

Zum Durchfädeln des Innenzugs bleibt die Endhülse am besten noch außerhalb ihrer Aufnahme; der Zug findet so einfacher seinen Weg. Sobald er ein Stück durchgeschoben ist, kann die Endhülse in ihren Sitz gedrückt werden. Falls sie nicht gleich vollständig hineinrutscht, passiert das spätestens dann, wenn die Züge beim Einstellen unter Spannung kommen.

Wenn alles richtig am Platz ist, kommen auch die Endhülsen in ihre Sitze (Pfeil). Nachdem alle Seilzüge montiert sind, wird der Lenkerkopf aufgesetzt; dabei werden die Züge und der Kabelbaum in den Rahmen zurückgeschoben. Anschließend wird die Lenkkopfschraube eingedreht. Der Lenker wird dann mit dem Kotflügel ausgerichtet und die Schraube festgezogen.

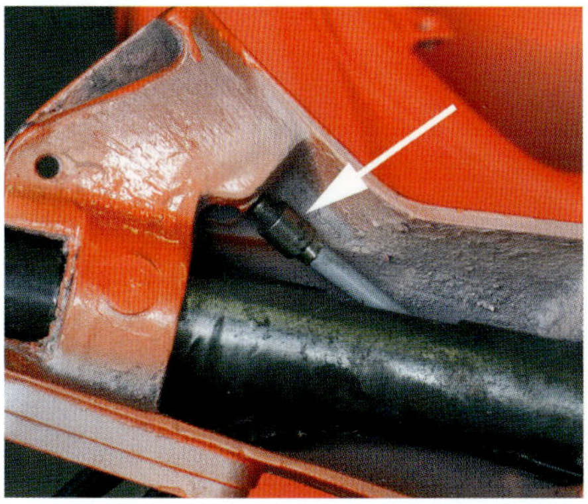

Die Sitze der Endhülsen im Lenkerkopf sind klein. Bevor die Endhülsen vollständig eingesteckt werden, sollte erst der Innenzug durchgeschoben werden.

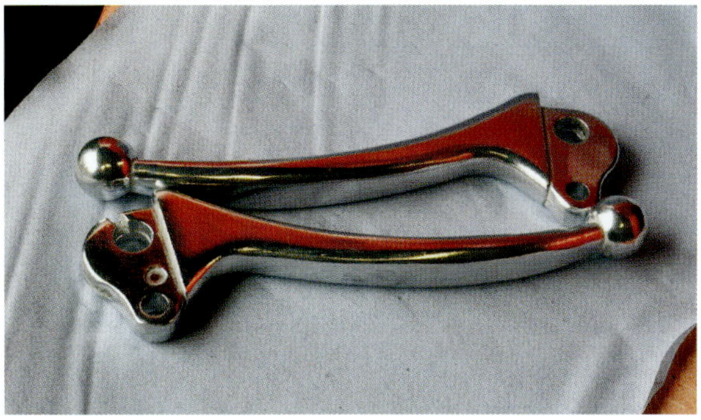

Alte Hebel können an einem Schleifbock mit weicher Drahtbürste aufgearbeitet und schließlich poliert werden. Sollten sie aber durch Korrosion stark aufgeblüht sein, ist ein Tausch der preiswerten Hebel sinnvoller.

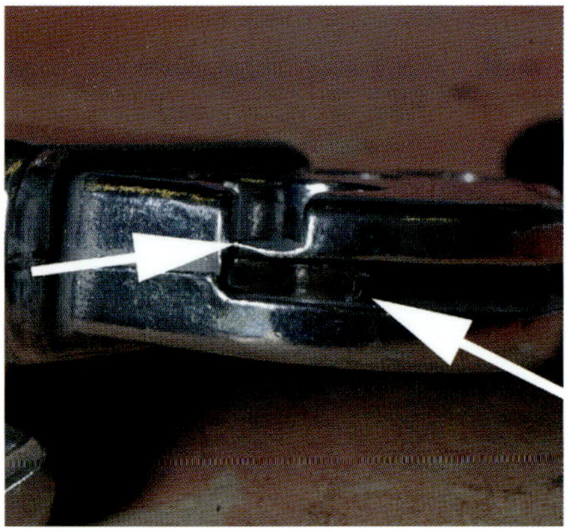

Billig kann auch schlecht gefertigt bedeuten: Diese Hebel haben Gussrückstände an zwei Stellen, die vor dem Einbau mit einer Feile entfernt werden müssen.

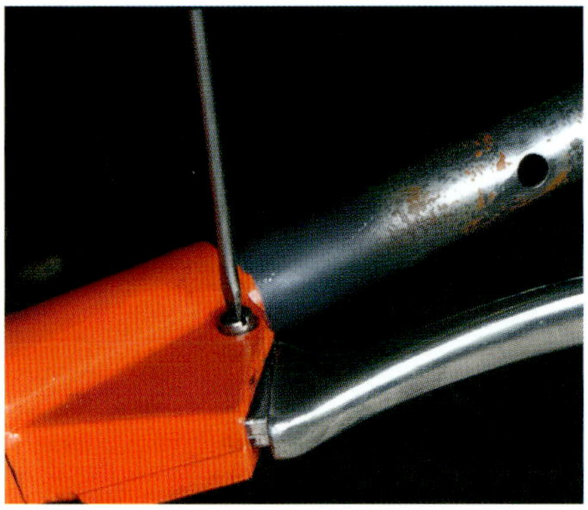

Vergessen Sie nicht Distanz- und Wellscheiben bei der Hebelmontage. Vor dem Einbau werden sie und die Hebelschraube gut gefettet. Mit einem kleinen Schraubendreher wird alles ausgerichtet, bevor die Hebelschraube durchgeschoben wird. Sie wird festgezogen und mit einer neuen selbstsichernden Mutter gekontert.

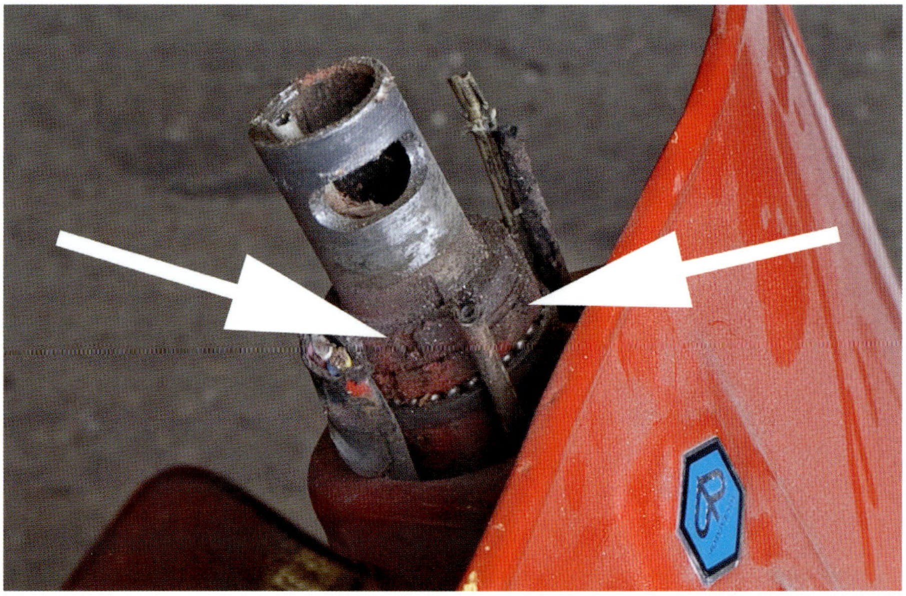

Nach der Abnahme des Lenkers (hier wurden alle Seilzüge und Kabel abgeschnitten, da sie im Zuge der Restaurierung erneuert werden) sind Lenkrohr, oberes Lenkkopflager, obere Sicherungsmutter (linker Pfeil) und Sicherungsring (rechter Pfeil) gut zu erkennen.

Das richtige Werkzeug zum Lösen der Nutmutter ist ein Hakenschlüssel. Hammer und Durchschlag erfüllen diesen Zweck genauso gut, besonders, wenn am Lenkkopf jahrelang niemand gearbeitet hat.

LENKKOPFLAGER

Bei Produktionsbeginn der Smallframe-Modelle wurden Kugellager mit lose eingelegten Kugeln verwendet, wobei diese Exemplare mittlerweile selten anzutreffen sind. Nachdem die Produktion in Italien schon auf käfiggeführte Kugellager umgestellt war, wurden sie bei den spanischen Ausführungen allerdings noch etliche Jahre eingebaut. Ersatzkugeln sind erhältlich, jedoch haben nur einige Händler sie im Angebot. In den Bildern wird die Ausführung mit Lagerkäfig gezeigt, aber die Vorgehensweise ist bei den früheren Versionen im Prinzip identisch.

Die obere Sicherungsmutter wird gelöst und entfernt. Darunter liegt die einfach abzunehmende Sicherungsscheibe. Der Laufring des oberen Lenkkopflagers ist auch als Mutter ausgeführt und wird wieder abgeschraubt. Nach diesen Vorarbeiten lässt sich das Lenkrohr aus dem Rahmen herausziehen.

Die Lagerschale des oberen Lenkkopflagers ist im Rahmen verblieben. Ein geeigneter Durchschlag wird von unten durch den Rahmen geführt, abwechselnd an gegenüberliegenden Stellen der Lagerschaleninnenkante angesetzt und diese gleichmäßig herausgeschlagen …

… bis sie idealerweise ohne zu verkanten aus dem Rahmen herausfällt.

Der untere Lagerlaufring ist gemeinsam mit einem Staubring aufs Lenkrohr aufgepresst. Ein schlanker Meißel wird zwischen dem Staubring und dem Aluminiumguss des Rohrs angesetzt und dann mit vorsichtigen Schlägen versucht, den Laufring zu lösen. Dabei den Ansatzpunkt des Meißels öfters wechseln. Sobald sich der Ring ein Stück bewegt hat, kann der Meißel direkt angesetzt werden, um die beiden Teile vollständig zu entfernen. Für diese Arbeit gibt es ein Spezialwerkzeug, das aber relativ teuer ist. Wenn Sie etwas Zeit mitbringen, funktioniert das mit der hier gezeigten Methode genauso gut, ohne die Gabel zu beschädigen. Leichte Druckstellen können am Schluss mit einer Feile herausgearbeitet werden.

Die untere Lagerschale ist deutlich schwieriger auszubauen, da aufgrund der Rahmenkonstruktion die Schaleninnenkante nicht genug Überstand hat, um einen Durchschlag richtig ansetzen zu können. Hier wird der Arm eines Lagerabziehers mit einem passenden Gegenstück, in diesem Fall ein Meißel, am Lager entsprechend verkeilt und dann mit einem Durchschlag von oben auf den Abzieherarm geschlagen. Auch hier den Abzieherarm gegebenenfalls öfters versetzen, um ein Verkanten der Lagerschale zu vermeiden. Eine etwas mühsame Arbeit, die aber letztendlich zum Erfolg führt.

Oberes und unteres Lenkkopflager werden als Satz angeboten. Da sie nicht teuer sind, wäre es falsche Sparsamkeit, nicht alle Teile auszutauschen.

Beim Einpressen darf nur Druck auf den äußeren Rand der Lagerschale ausgeübt werden (Pfeil). Sowie die Kugellaufbahnen Druckstellen oder Einkerbungen aufweisen, sind sie schrottreif.

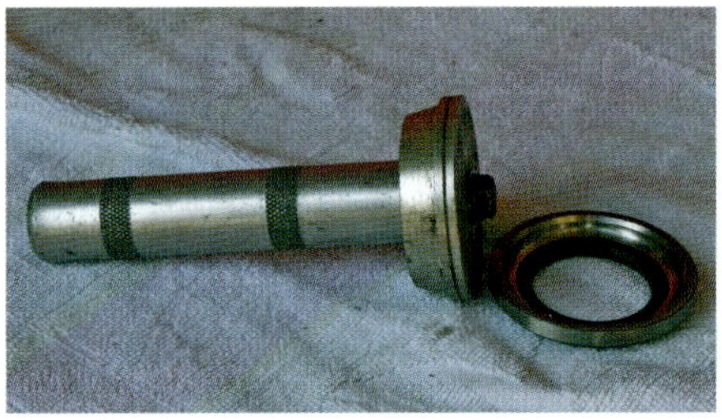

Besonders für die untere Lagerschale ist ein passendes Einschlagwerkzeug äußerst hilfreich. Zum Einbauen der beiden Lagerschalen gibt es auch ein relativ preisgünstiges Spezialwerkzeug, das mittels einer Gewindestange die Lager in ihren Sitz zieht. Angesichts der manchmal recht strammen Lagerpassung kann es allerdings sein, dass es nicht in jedem Fall funktioniert.

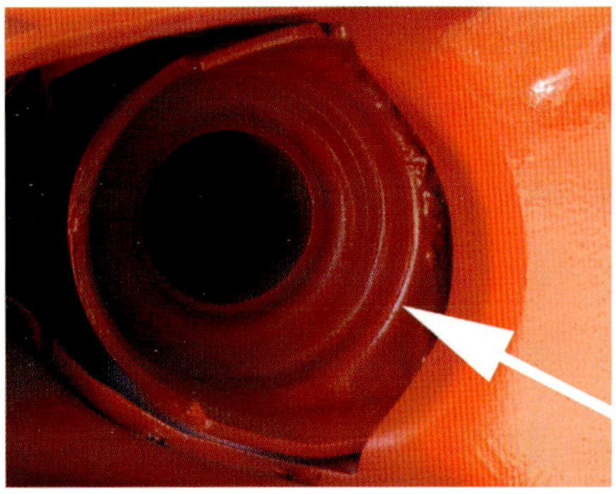

Falls der Rahmen lackiert wurde, muss jeglicher Sprühnebel von den Lagersitzen entfernt werden. Um den Einbau der Lagerschalen zu erleichtern, werden sie anschließend leicht eingefettet.

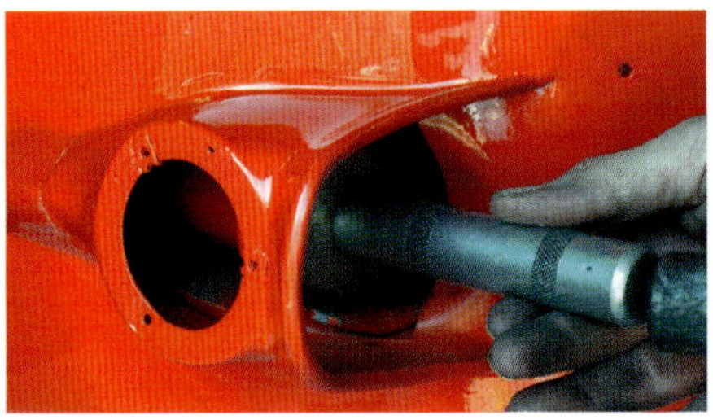

Der Einbau der unteren Lagerschale ist nicht ganz einfach. Wichtig ist das exakte rechtwinklige Ansetzen der Schale, bevor erst mit leichten und weiter mit kräftigen Schlägen das Lager in seinen Sitz getrieben wird. Eine Hilfsperson, die den Rahmen dabei hält, ist unbedingt erforderlich. Am Klang des Hammerschlags lässt sich erkennen, ob das Lager richtig sitzt: Er ändert sich beim Erreichen der Endlage von dumpf in einen klareren, helleren Ton.

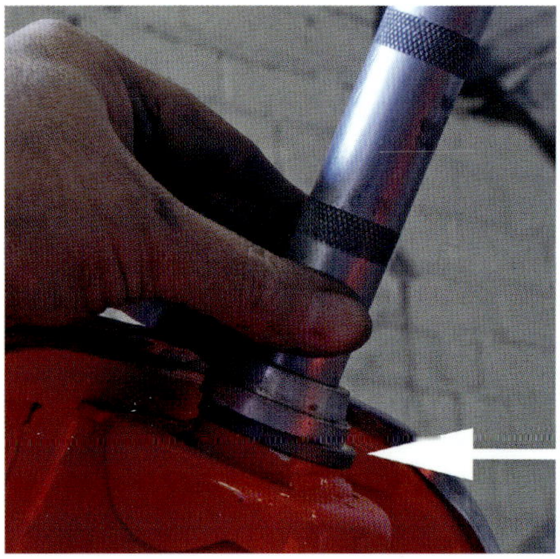

Die Montage der oberen Lagerschale ist dagegen ein Kinderspiel. Auch hier werden zuvor jegliche Farbrückstände am Lagersitz entfernt und Fett aufgetragen.

An der Gabel wird der Lagersitz des Laufrings gereinigt und bei Bedarf mit feinem Schleifpapier nachgearbeitet. Als erstes wird der Staubring aufgeschoben; er hat keinen Presssitz. Dann wird der Laufring mit der Hand am Lagersitz angesetzt (linker Pfeil); er fixiert später den Staubring auf der Gabel. Vergessen Sie nicht, dass zuerst der Kotflügel montiert werden muss.

Durch Schläge auf die hochstehende innere Kante wird der Laufring auf die Gabel montiert (Pfeil). Das ist noch relativ einfach – bis die Kante mit dem oberen Ende des Lagersitzes bündig ist.

Jetzt verbleibt nur noch eine sehr schmale Kante zum Ansetzen eines Werkzeugs. Nun sind ein schlanker Durchschlag und eine ruhige Hand erforderlich.

Sitzt der Laufring an seinem Platz, wird großzügig Fett aufgetragen, der Kugelkäfig eingelegt und ebenfalls eingefettet.

Zum Einbauen des Lenkrohrs legt man den Roller am besten auf die Seite. Beim Einführen darauf achten, dass der untere Kugelkäfig richtig auf dem Lagerinnenring positioniert ist.

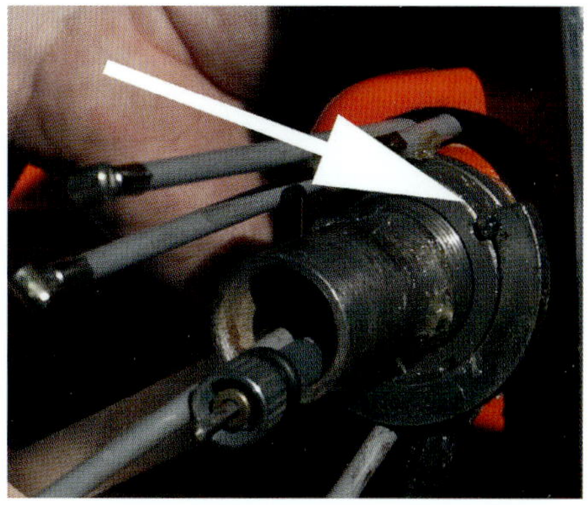

Der Hakenschlüssel wird an einer Nut des Laufrings angesetzt und dieser damit angezogen. Um sicherzustellen, dass sich alles richtig setzt, wird der Ring mit Gefühl etwas mehr als vorgesehen festgezogen und dann wieder etwas gelöst. Anschließend wird er wieder soweit beigezogen, bis kein Spiel mehr vorhanden ist und sich die Gabel reibungslos von Anschlag zu Anschlag drehen kann.

Auch das obere Lager will gut geschmiert sein.

Der Kugelkäfig wird eingelegt …

… gefolgt vom oberen Laufring, der seitliche Nuten und ein Innengewinde hat. Fetten!

Für die Endmontage sind Hakenschlüssel erforderlich. Ein Durchschlag könnte auch verwendet werden, er ist aber umständlich in der Handhabung und zu ungenau bei der Einstellung des Lagers. Die hier abgebildeten Hakenschlüssel wurden im Internet bestellt. Sie waren so weich, dass schon nach dem ersten Einsatz die Hakenenden abgerundet und damit unbrauchbar waren.

Als nächstes wird die auf beiden Seiten gefettete Sicherungsscheibe eingelegt. Beachten Sie die Nase, mit der sie in der Nut der Gabel geführt ist.

Abschließend wird die obere Sicherungsmutter eingebaut. Mit ihr wird das Lager gekontert, daher muss sie korrekt festgezogen sein.

Das Lenkrohr samt Kotflügel und Vorderrad ist wieder eingebaut. Sobald der Roller wieder auf seinem Ständer steht, werden noch einmal das Lenkkopflagerspiel kontrolliert und dann der Lenker wieder aufgesetzt.

LENKROHR ÜBERHOLEN

Gegenwärtig sind sowohl neue Lenkrohre aus alten Piaggio-Beständen als auch alle Anbauteile erhältlich, so dass der Aufbau einer komplett neuen Gabel bei Bedarf möglich wäre. Falls bei der Restaurierung der Kotflügel erneuert wird, sollte seine Passgenauigkeit am Lenkrohr vor dem Lackieren überprüft werden. Fluchtungsfehler bei den Befestigungsbohrungen sind keine Seltenheit und erfordern Nacharbeit mit einer Feile, bis alles richtig sitzt. Manche Zubehörkotflügel haben eine größere Montageöffnung, so dass sie über das bereits montierte untere Lenkkopflager und die Staubdichtung geschoben werden können. Prüfen Sie das vor dem Zusammenbau. Ist die Öffnung zu klein, muss der Kotflügel vor dem Aufpressen des Lagers montiert werden.

Alle V-Baureihen haben im Prinzip die gleiche Vorderradaufhängung. Lediglich die sehr frühen Modelle hatten kleinere und einfachere Stoßdämpfer, aber der Aufbau blieb stets der gleiche.

Der Kotflügel hat eine seitliche Schraube, die hier unter einer Lage Spachtelmasse verschwunden war. Sie sollte eigentlich deutlich sichtbar sein.

Diese Nabenmutter ist stark verrostet, ein typisches Problem bei Rollern mit Wartungsstau. Unter Umständen lässt sich der Splint nicht mehr entfernen. Dann sollte versucht werden, eine Stecknuss auf die noch gesicherte Mutter zu pressen und mit reichlich Kraft zu arbeiten.

Nach dem Abziehen der Bremstrommel kommen die Bremsbeläge zum Vorschein. Die Bremsbacken werden auf Zapfen drehbar gelagert und mit den gezeigten Sicherungsclips gehalten. Mit einem Schraubendreher werden sie abgehebelt, doch wenn sie unkontrolliert herausrutschen, fliegen sie quer durch die Werkstatt. Mit einem darübergelegten Lappen kann das verhindert werden.

Ein weiteres Schraubenpaar fixiert den Kotflügel an seiner Aufnahme am Gabelrohr.

Die Reibfläche der Bremstrommel kann durch Rost angegriffen sein, und Lochfraß wie hier gezeigt ist nicht ungewöhnlich. Professionelles Ausdrehen kann eine Reparaturoption sein, aber Austausch ist einfacher und wahrscheinlich auch nicht teurer.

Die Bremsbeläge können auf den Zapfen sehr schwergängig sein. Die Stelle wird mit etwas Rostlöser eingesprüht und der Belag durch Hin- und Herbewegen bei gleichzeitigem Ziehen abgenommen. Einmal entfernt, wird der Zapfen mittels feinen Schleifpapiers von jeglichem Rost befreit.

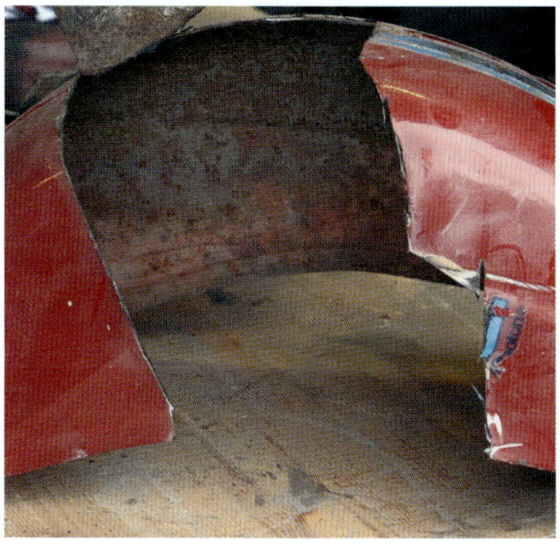

In diesem Fall war die Korrosion so weit fortgeschritten, dass der Kotflügel aufgeschnitten werden musste, um besseren Zugang zu den festsitzenden Schrauben zu erhalten.

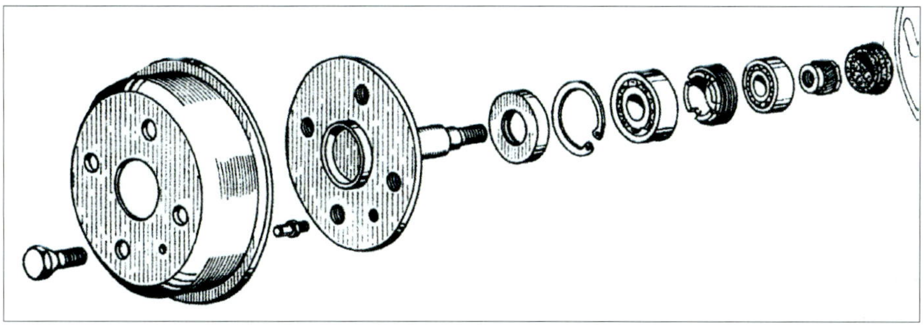

Bei Rollern mit geschlossenen Felgen wird die Bremstrommel von einem kleinen Zapfen geführt. Theoretisch wird die Trommel einfach von der Nabe abgezogen. Falls der Roller längere Zeit außer Betrieb war, kann die Trommel jedoch festgerostet sein und wird beim Versuch, sie zu lösen, mit Sicherheit beschädigt.

Die Welle des Bremsnockens verläuft durch die Ankerplatte nach außen.

… die abgenommen werden, gemeinsam mit den unter ihnen befindlichen O-Ringen.

Jetzt lässt sich die Schwinge abziehen.

Das Lenkrohr wird auf die Seite gelegt und die obere Schwingenabdeckung entfernt. Sie wird mittels umgeschlagener Nasen auf der Rückseite gehalten. Die Nasen werden mit einem Schraubendreher gerade gebogen und die Abdeckung abgezogen. Anschließend werden die beiden nun sichtbaren Muttern gelöst und die Grundplatte der Schwingenabdeckung wird entfernt.

Darunter finden sich eine große und eine kleine Scheibe …

In manchen Fällen kann sich das als schwierig erweisen, wenn festgefressene Büchsen sich standhaft weigern, den Stoßdämpfer von der Schwinge abnehmen zu lassen. Falls der Stoßdämpfer sowieso ersetzt wird, kann das untere Dämpferauge mit einem Trennschleifer geschlitzt und dann aufgebogen werden. Sitzt die Bronzebüchse auf dem Stoßdämpferbolzen ebenfalls fest, wird sie mit einer Gripzange gepackt und unter wiederholtem Drehen abgezogen.

Sollte das nicht funktionieren, wird auch die Hülse wie das Stoßdämpferauge geschlitzt. Hier muss man allerdings vorsichtig sein, dass der darunterliegende Bolzen nicht in Mitleidenschaft gezogen wird.

Die Antriebsschnecke des Tachometers und die Radachse sind mit einer Gummikappe abgedeckt, der das Alter kräftig zusetzt. Mit einem Schraubendreher wird sie herausgehebelt.

Das Kunststoffritzel des Tachoantriebs wird nach dem Herausdrehen der geschlitzten Abschlussschraube zugänglich. Unter der Schraube befindet sich eine Dichtung.

Nach dem Entfernen der Schraube wird das Ritzel in der Fettfüllung sichtbar.

Mit einer Spitzzange wird das Ritzel gepackt und aus dem Gehäuse gezogen.

Die unter der Gummikappe sitzende Antriebsschnecke des Tachometers ist als Mutter ausgeführt und sichert gleichzeitig die Radachse. Sie wird gelöst (Linksgewinde!) und entfernt.

Die Achse lässt sich gemeinsam mit dem Lager zur verzahnten Seite hin ausbauen. Zuvor muss allerdings der Sicherungsring herausgenommen werden.

Nach dem Ausbau des Sicherungsrings sollte sich die Achse ohne größeren Kraftaufwand aus der Schwinge heraustreiben lassen.

So sieht die ausgebaute Vorderradachse aus.

Das Lager wird mit seinem Außenring auf den Backen eines Schraubstocks aufgelegt und die Achse herausgeschlagen.

Ein Blick ins Nabeninnere offenbart, dass sich vor dem noch eingebauten Lager ein geschraubter Sicherungsring zu dessen Fixierung befindet.

Zum Ausbauen dieser Sicherungsmutter gibt es ein Spezialwerkzeug, aber eine alte Stecknuss mit einem eingeschweißten Stück Flacheisen erfüllt diesen Zweck ebenfalls.

Aufgepasst: Die Sicherungsmutter hat ein Linksgewinde.

Nach dem Ausbau der Sicherungsmutter lässt sich das Lager zur gleichen Seite hin ausbauen. Dazu wird die Nabe umgedreht und das Lager mit einem passenden Treibdorn herausgeschlagen.

Falls das ausgebaute Lager noch ein Originalteil war, ist der Lagerkäfig zur Abdichtung mit Metallscheiben abgedeckt. Ersatzlager sind wahrscheinlich voll gekapselt.

Nun wird der letzte O-Ring abgenommen.

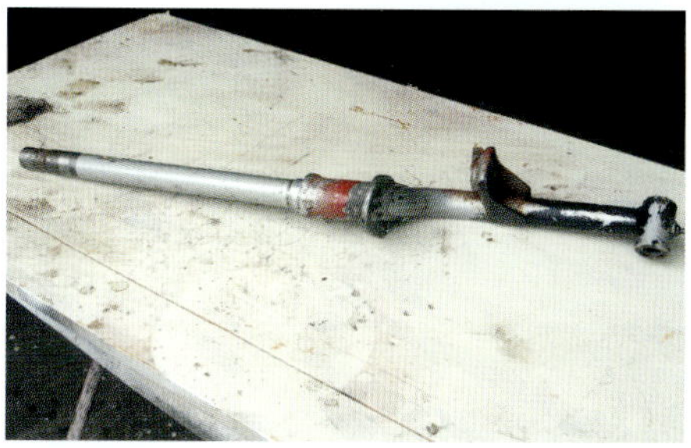

Das Lenkrohr ist nun vollkommen gestrippt. Jetzt werden die Lager am unteren Ende auf Verschleiß oder Schäden überprüft.

Dabei handelt es sich um dünnwandige Nadellager, die nicht teuer sind. Die alten können mit einem Durchschlag herausgeschlagen werden; wahrscheinlich werden sie dabei zerstört.

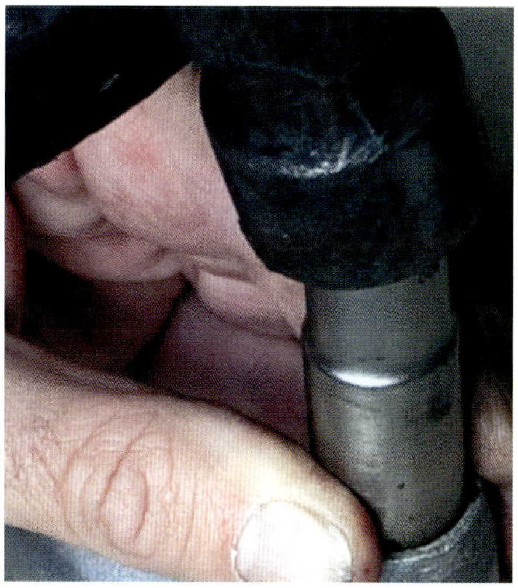

Der Lagersitz im Gabelinnern wird gereinigt und die neuen Lager mit einem gut passenden Treibdorn eingeschlagen. Falls die Lager auf ihrem Bund eine Nummer eingeprägt haben, sollten sie über diese Seite eingeschlagen werden, weil sie hier stärker dimensioniert sind.

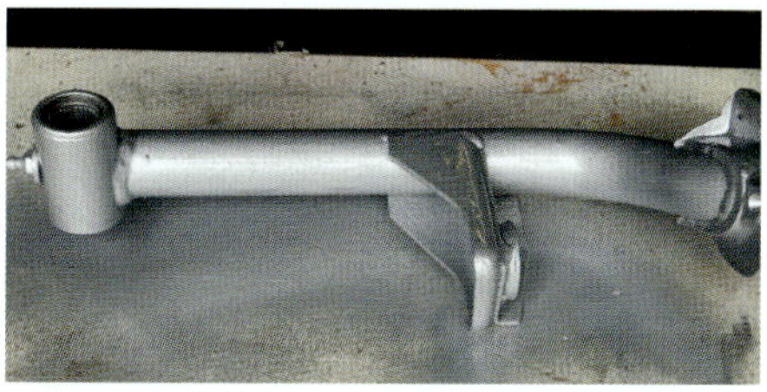

Stellen Sie sicher, dass der Schmiernippel funktionsfähig ist, andernfalls wird er ersetzt. Die Gabel wird entfettet und mit Felgensilber aus der Sprühdose lackiert. Diese Farbe trifft recht genau den originalen Farbton.

Schwinge und Bremsankerplatte werden gereinigt und mit der gleichen Farbe lackiert.

Die beiden neuen Radlager sind vollständig gekapselt, was den Einbau „sauberer“ macht.

Mit einem passenden Treibdorn wird zuerst das innenliegende Lager eingeschlagen.

Die Kronenmutter wird penibel gereinigt und das Gewinde auf einwandfreien Zustand überprüft.

Beim Festziehen der Sicherungsmutter daran denken, dass es sich hier um ein Linksgewinde handelt.

Sie können dann entweder die Achse einbauen – sie sollte sich durch das Lager schieben lassen, eventuell mit leichter Unterstützung durch einen Kunststoffhammer – oder aber sie montieren das Lager auf die Achse und bauen beides gemeinsam in die Schwinge ein.

Unabhängig davon wird das Lager etwas Nachdruck erfordern, damit es in seinen Sitz rutscht. Hier kann z.B. eine längere Stecknuss mit passendem Außendurchmesser als Eintreibaufsatz herangezogen werden. Vor dem Einbau des Lagers wird das Nabeninnere mit einem Batzen Fett befüllt.

Ein neuer Sicherungsring wird wieder in die Nut eingelegt ...

... und dann der Wellendichtring eingepresst, bis er bündig mit dem Gehäuse ist.

Die Achsmutter/Tachoantriebsschnecke wird gereinigt, aufgeschraubt (vorher gut einfetten) und festgezogen, womit die Radachse gesichert ist.

Eine neue Gummikappe trägt zum guten Endresultat bei.

Sollten über den Zustand des Kunststofftachoritzels nur die geringsten Zweifel bestehen, wird es ausgetauscht.

Das Antriebsritzel wird mit der Tachowellenaufnahme nach außen weisend eingeschoben, dann ein neuer Dichtring aufgelegt ...

... gefolgt von der Abschlussschraube.

Die Schwingenlager werden gut eingefettet ...

... und dann die beiden O-Ringe eingelegt.

Auch die beiden Bolzen an der Schwinge sind mit O-Ringen versehen. Die in diesem Fall gelieferten passten nicht 100-prozentig, ließen sich aber trotzdem verwenden.

Der Schwingenlagerbolzen wird durch die Lager im Lenkrohr geschoben und ein weiterer O-Ring eingelegt.

Auf den Bolzen der Stoßdämpferbefestigung wurde ebenfalls der O-Ring montiert. Auch hier lässt die Passung zu wünschen übrig.

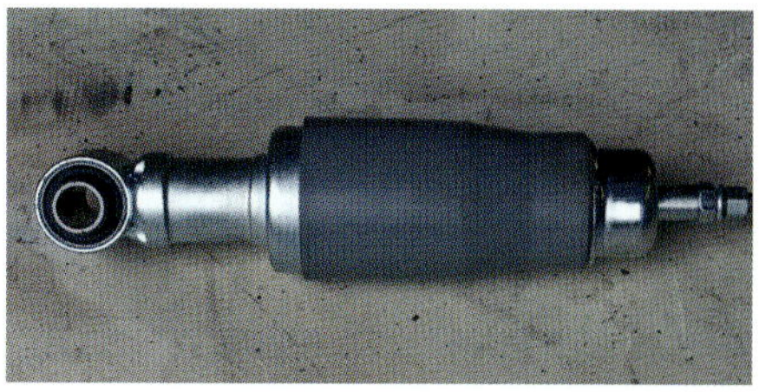
Ersatzstoßdämpfer, die den originalen Spezifikationen entsprechen, sind kostengünstig erhältlich. Falls er undicht ist oder die Dämpfung nachgelassen hat, muss der Dämpfer durch ein Neuteil ersetzt werden.

Das obere Stoßdämpferende ist von der Aufnahme am Lenkrohr schwingungsentkoppelt, indem auf beiden Seiten der Befestigungsstange Gummiblöcke eingelegt sind. Sie sollten gemeinsam mit dem Dämpfer ausgetauscht werden.

Die obere Befestigung wird zuerst nur durch die Aufnahme gesteckt, während das untere Stoßdämpferauge auf den Bolzen geschoben wird, gefolgt von einem O-Ring und einer Metallscheibe.

Auf den Schwingenlagerbolzen wird ebenfalls eine Metallscheibe aufgesetzt.

Ersatz-Schwingenabdeckungen sind billig, aber mitunter von geringer Qualität. Die unter Hälfte der Abdeckung wird auf die Zapfengewinde gesteckt …

… dann die Federringe und schließlich die Befestigungsmuttern, die gleich korrekt angezogen werden.

Als nächstes wird der obere Silentblock auf die obere Stoßdämpferaufnahme gesteckt …

… darauf eine große Metallscheibe gelegt und mit der Mutter festgezogen.

Wenn alles richtig festgezogen ist, werden die obere Schwingenabdeckung aufgesetzt und die Haltezungen zur Fixierung umgebogen.

Nachdem der Einsteller des Vorderradbremszugs gereinigt und die Unversehrtheit des Gewindes geprüft und für gut befunden wurden, kann er wieder eingeschraubt werden.

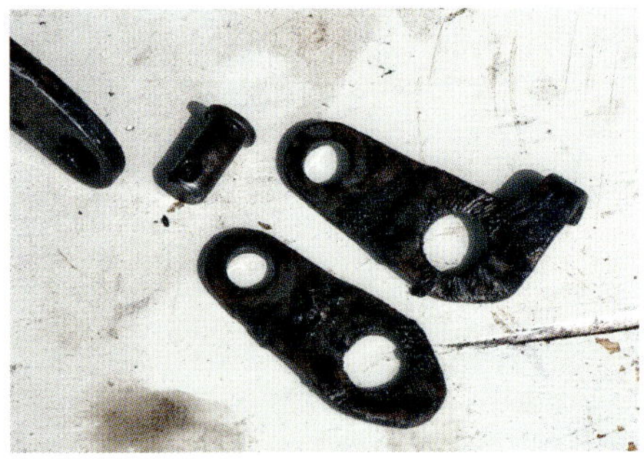

Der Bremshebel und die Klemmplatten werden gereinigt und die Bohrungen auf Verformung geprüft. Ersatz kann problemlos beschafft werden.

Vor dem Einbau etwas Kupferpaste auf die Bremshebelwelle aufzutragen, ist mit Sicherheit kein Fehler. Bei einigen Modellen ist hier auch ein O-Ring vorhanden, er sollte grundsätzlich erneuert werden.

Neue Bremsbeläge sind in Standard- und in höherwertiger Ausführung erhältlich. Lassen Sie sich nicht zum Kauf von Billigprodukten hinreißen. Wichtig ist, dass die Belagkanten abgeschrägt sind. Ist das nicht der Fall, wird das mit einer Feile nachgeholt. Zum Einbau werden die Belagoberflächen mit Klebeband abgedeckt und so vor Fettfingern geschützt.

Der untenliegende Bremsbelag wird zuerst auf den Zapfen geschoben und dann das andere Ende gegen den Bremsnocken gedrückt. Anschließend wird der zweite Belag auf den Zapfen gesteckt und der Belag mit einem Schraubendreher gegen die Kraft der Rückstellfeder an seinen Platz gehebelt. Passen Sie auf Ihre Finger auf, da die Rückstellfeder eine beträchtliche Vorspannung hat. Sitzt alles an seinem Platz, wird mit einem Schraubendreher der Sicherungsclip auf den Zapfen montiert.

Ersatzbremstrommeln sind problemlos erhältlich. Sollen die Originalteile weiterverwendet werden, kann die Reibfläche durch Ausdrehen überarbeitet werden. Die Außenseite wird gereinigt und anschließend mit der gleichen Farbe lackiert, die auch fürs Lenkrohr verwendet wurde.

Splinte werden grundsätzlich nicht wiederverwendet, und eine neue Mutter wird auch nicht gleich das Budget sprengen. Neue Nabenabdeckungen verleihen dem Aussehen den letzten Schliff und natürlich sind auch hier Piaggio-Originalteile die beste Wahl (und auch nicht viel teurer als manche Kopien in schlechter Qualität, die so aussehen, als wären sie aus alten Milchflaschendeckeln hergestellt).

Die neue Tachowelle und der neue Bremszug lassen sich mit einem per Klebeband befestigten Kabel einziehen.

Die Bohrungen in der Gabel sind knapp bemessen. Zum Durchziehen von Welle und Zug kann daher etwas Kraftaufwand erforderlich sein.

Die Tachowelle wird durch eine Gummiöse geführt, die von einer angeschraubten Metallplatte gehalten wird. Vor dem Festziehen muss darauf geachtet werden, dass die Wellenseele richtig in der quadratischen Aufnahme des Ritzels sitzt.

Eine der abschließenden Arbeiten nach dem Einbau des Lenkrohrs ist die Einstellung des Vorderradbremszugs. Die Investition in eine Seilzugzange erleichtert die fummelige Angelegenheit deutlich.

UMBAU AUF ZENTRALMUTTER

Etliche Besitzer finden die gepressten Stahlfelgen mit ihren vier Befestigungsschrauben weniger schön und bevorzugen die verrippten Bremstrommeln der sportlicheren Smallframe-Modelle. Falls Sie auch dieser Ausführung den Vorzug geben wollen, lässt sich die Achse mit der Grundplatte gegen die auf dieser Seite gezeigten Teile tauschen. Die erforderlichen Teile für den Umbau sind die Achse, eine verrippte Bremstrommel, deren Befestigungsmutter samt Scheibe und Abdeckung und natürlich eine neue Felge. Die Radlager hingegen sind identisch und können übernommen werden.

Kapitel 4
Rahmen

EINLEITUNG

Bei der Restaurierung des Rahmens sind etliche Punkte zu beachten. Die Vespas von Produktionsbeginn bis 1967 waren kürzer als die Nachfolgemodelle und manche Hersteller bauten Ausführungen, deren Beinschilder etwas breiter sind als die der italienischen Modelle. Diese Sachverhalte sind bei der Bestellung von Blechteilen von Bedeutung, daher sollten Sie die Größenangaben der Händler mit denen des Blechkleids ihres Rollers vergleichen. Eine weitere wesentliche Änderung betrifft die Größe der Seitendeckel, die bis 1966 deutlich kleiner waren und mit der Einführung hubraumstärkerer Motoren vergrößert wurden.

Ersatzdeckel unterscheiden sich in der Fertigungsqualität. Einige sind Kopien von Teilen, die in Indien für das Modell PL170 produziert wurden und erfordern Anpassungsarbeiten bei der Montage. Sie wurden vermutlich in Chargen gefertigt mit dem Ergebnis, dass der Lagerbestand schwankt. Derzeit gibt es nur einen Hersteller für die Seitendeckel der ersten beiden Serien; die gute Qualität schlägt sich allerdings im Preis nieder.

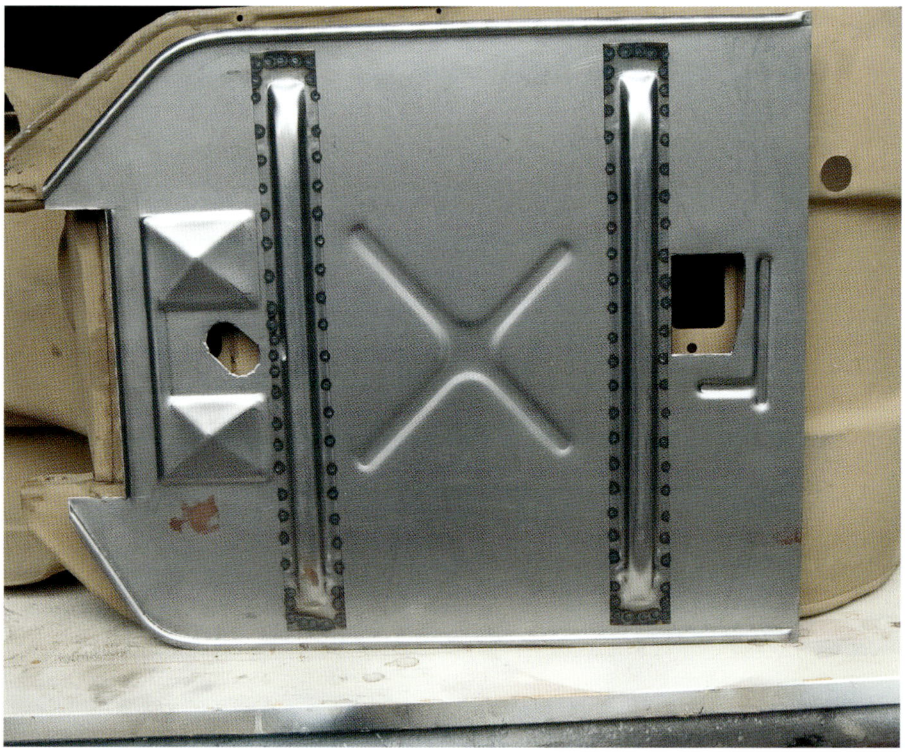

Die Smallframe-Modelle wuchsen 1967 um einige Zentimeter, und die Dimensionen der Öffnungen für die Seilzüge und das Bremspedal wuchsen mit. Einige Ersatz-Bodenbleche sind von lausiger Qualität und können umfangreiche Änderungen erfordern, bevor sie richtig passen. Roller, die nicht in Italien produziert wurden, können auch breitere Beinschilder haben.

ENTLACKUNG UND BESTANDSAUFNAHME

Sind alle Teile demontiert, wird der Rahmen gründlich untersucht. Hat der Roller sein bisheriges Leben in trockenem und warmem Klima verbracht, werden Sie schlimmstenfalls eine ausgebleichte aber weitgehend intakte Lackierung vorfinden. In diesem Fall reicht das Abschleifen bis auf einen festen Untergrund aus, um mit dem Neuaufbau der Lackierung zu beginnen. Bei den meisten Restaurierungen hat aber der Rost mehr oder weniger erbarmungslos zugeschlagen und der einzig sichere Weg, dieses Übel grundlegend auszumerzen, sind das völlige Entfernen der alten Lackierung und die sorgfältige Überprüfung des Blechs.

Die beste – und teuerste – Methode ist das chemische Entlacken, verbunden mit einer anschließenden kathodischen Elektrotauchlackierung. Dieser Prozess eliminiert den Rost und beseitigt alle Farbreste auch in Ecken und Winkeln. Sie sollten sich aber zuvor mit den ausführenden Unternehmen besprechen. Zum Ablassen der chemischen Lösungen aus dem Rahmen müssen möglicherweise Löcher in den Rahmen gebohrt werden.

Die weitaus häufiger angewendete Methode – vor allem, weil erheblich günstiger – ist das Strahlen des Rahmens. Als Strahlgut kommt Sand zum Einsatz, der zwar billig ist, aber ziemlich grob zur Sache geht. Außerdem werden Nussschalen, Kunststoff und andere weichere Mittel verwendet. Am schonendsten, aber auch am teuersten ist Soda. Der in den Bildern gezeigte Rahmen wurde in einem örtlichen Betrieb sandgestrahlt. Die dafür entstandenen Kosten beliefen sich auf ein Zehntel der Kosten für das Tauchverfahren; die Ersparnis kann also immens sein. Überzeugen Sie sich vorher, dass die Person in der Strahlkabine auch Erfahrung hat mit dünnwandigem Blech, aus dem zum Beispiel die Beinschilder der Vespa bestehen. Ansonsten wird schnell Wellblech daraus.

Der Nachteil aller Strahlverfahren ist, dass Nähte und verwinkelte Ecken nicht richtig erreicht werden können. Was auf den ersten Blick sauber und rostfrei erscheint, beherbergt in Wirklichkeit versteckte Rostherde, die nur darauf warten, wieder Ungemach verbreiten zu können. Beim Einsatz von recht grobem Strahlgut weisen Sie den Strahlbetrieb auf die Rahmennummer hin und halten ihn an, diesen Bereich nur schonend zu bearbeiten. Ansonsten wird die Rahmennummer unleserlich oder sie verschwindet sogar vollständig. Egal welche Methode gewählt wird, wenn die Möglichkeit besteht, den Rahmen unmittelbar nach dem Entlacken zu grundieren, sollten Sie das wahrnehmen. Auf dem blanken Stahl bilden sich schon nach wenigen Stunden in feuchter Umgebung erste Roststellen. Besteht diese Möglichkeit nicht, tragen Sie so schnell wie möglich eine Ätz-Grundierung auf.

Falls Sie sich entscheiden, die alte Farbe und den Rost selbst zu entfernen, gibt es dafür mehrere Möglichkeiten. Wenn ein Winkelschleifer vorhanden ist, lässt sich mit einer Zopfbürste dem Rost sehr effektiv zu Leibe rücken. Etwas weniger aggressiv zur Sache geht ein Schleifkissen. Es ist flexibel und für die Entfernung von Farbe sehr gut geeignet, aber für stärkeren Rost eher weniger. Abbeizer ist eine weitere Option, aber besonders auf alten, sonnengebleichten Oberflächen eine langwierige Angelegenheit. Achten Sie bei all diesen Verfahren auf Ihre Gesundheit und tragen Sie Mundschutz, Schutzbrille, Schutzkleidung und Handschuhe!

Wenn alle Anbauteile entfernt sind, kann man sich einen ersten Überblick über den Rahmenzustand verschaffen. Dieser hier sah mit seiner dicken roten Farbschicht gar nicht mal so schlecht aus – war es dann aber doch.

Soll der Rahmen sandgestrahlt werden, muss er zuerst gereinigt und von Unterbodenschutz und Ölrückständen befreit werden. Ansonsten bleibt das Strahlgut einfach kleben.

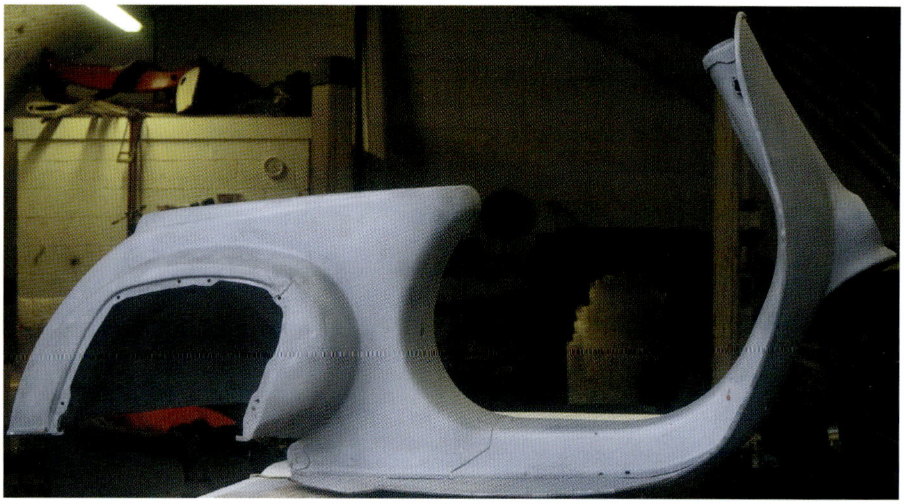

Nach dem Entfernen der alten Farbe wurde schnell klar, dass dieser Roller einige schwerwiegende verdeckte Mängel hatte.

Der Rahmen erhält zwei satte Schichten. Zuvor sollten Sie allerdings das Beiblatt und die Verarbeitungshinweise auf der Dose lesen, da dieses Mittel einige ziemlich gefährliche Chemikalien enthält. Kaufen und verwenden Sie eine geeignete Schutzmaske – Sie haben nur eine Lunge!

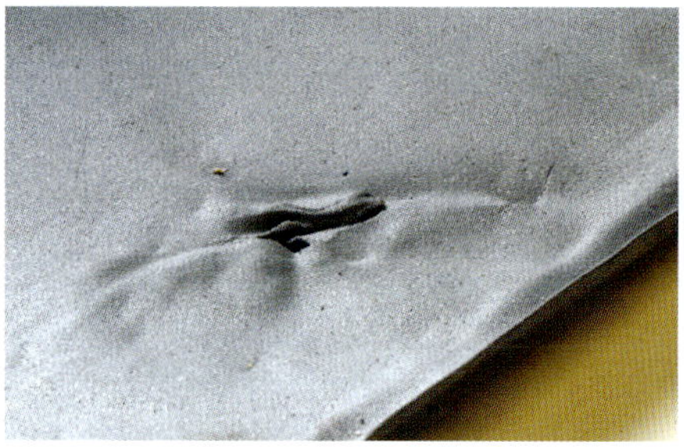

Das Trittbrett war eingerissen. Schäden wie dieser lassen sich nur mit etwas Aufwand instandsetzen, weil das Blech sowohl verformt als auch eingerissen ist. Wäre das der einzige Schaden, würde zur Reparatur der betroffene Bereich herausgetrennt und ein neues Reparaturblech eingesetzt. Haarrisse treten ebenfalls öfter auf, lassen sich aber relativ einfach verschweißen.

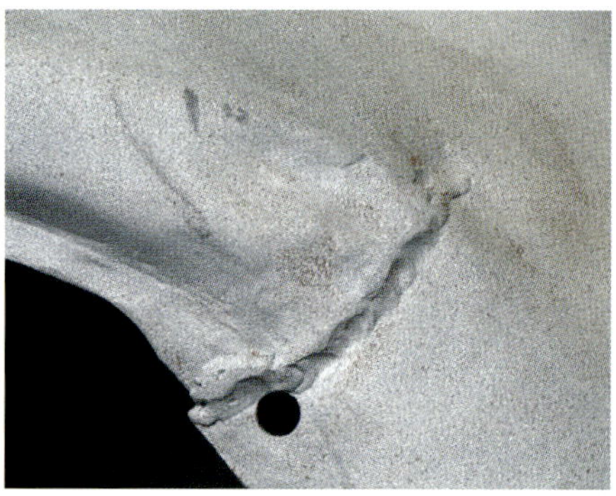

Frühere, schlecht ausgeführte Reparaturen können ein größeres Problem sein. Hier war ein verdächtig breiter Spalt zwischen den beiden Risskanten zugeschweißt worden.

Ecken und Falze werden mit Druckluft ausgeblasen, um letztes Strahlgut zu entfernen. Schmutzreste und Dichtmasse, die von der Strahlpistole verschont blieben, werden herausgekratzt.

Unmittelbar nach dem Strahlen muss der Rahmen Korrosionsschutz erhalten, ansonsten beginnt er schon nach kurzer Zeit wieder zu rosten. Ätz-Grundierung ist die beste Lösung; entweder mit einer Spritzpistole aufgetragen oder aus der Sprühdose.

Ein Winkelschleifer mit einer Drahtbürste marschiert durch alte Farbe und Rost wie durch Butter. Allerdings ist das eine recht rüde Methode, bei der ordentlich Materialabtrag durch die Gegend fliegt. Daher müssen entsprechende Vorkehrungen für Mensch und Umgebung getroffen werden.

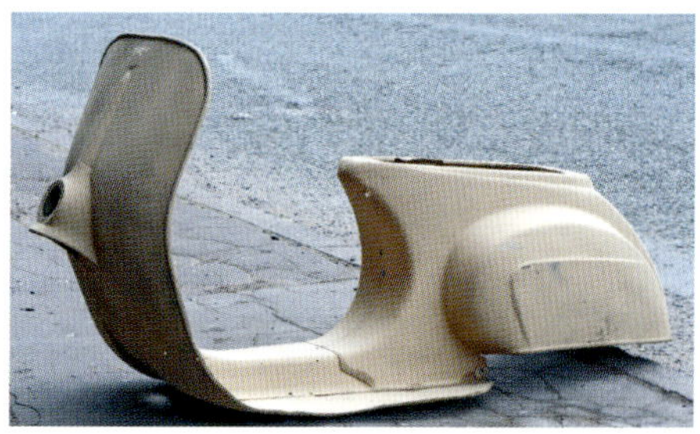

Nachdem der Haftgrund gut durchgetrocknet ist, müssen Sie keinen neuen Rost fürchten, ganz gleich, ob Sie den Rahmen erst einmal wegstellen oder gleich weiterarbeiten.

SCHWEISSEN

Vespa-Rahmen bestehen aus einfachen Pressblechen und werden im Reparaturfall geschweißt. Die beste Wahl für den ambitionierten Heimwerker ist ein MIG-Schutzgasschweißgerät. Kleine Geräte sind relativ preisgünstig, und mit etwas Übung kann man sich die Grundlagen relativ schnell aneignen. Trotzdem sei der Besuch eines Kurses in einer Weiterbildungseinrichtung dringend angeraten, soll die Schweißnaht nicht nur vorhanden, sondern auch belastbar sein! Die Schweißarbeiten von einem Profi ausführen zu lassen, kann teuer werden und es kann schwierig sein, jemanden vor Ort zu finden. Sollten Sie sich dafür entscheiden, nehmen Sie am besten Kontakt mit dem nächsten Vespa-Club auf und lassen sich jemanden empfehlen. Wertvolle Tipps finden Sie im *Praxishandbuch Schweißen*, erschienen im HEEL Verlag.

Das hier ist eine Rarität: das Beinschild eines aus Indien stammenden Smallframe-Rollers PL170. Ab und zu tauchen solche Roller oder Teile davon auf. Das abgebildete Exemplar war beim örtlichen Vespa-Händler längere Zeit eingelagert und hatte viel Oberflächenrost, was sich allerdings günstig auf den Preis auswirkte.

BODENBLECH-/ BEINSCHILDAUSTAUSCH

Der Austausch eines Beinschilds wird in den folgenden Bildern gezeigt. Soll nur das Bodenblech ersetzt werden, ist die Vorgehensweise im Prinzip identisch. Vermessen Sie das Ersatzblech genau und vergleichen Sie die Maße mit dem alten Bodenblech.

Beginnen Sie beim Zuschneiden der Bleche immer auf der sicheren Seite und beschneiden Sie erst dann auf das fertige Maß, wenn das neue Bodenblech in seiner endgültigen Lage festgeklemmt ist. Das Versteifen des Rahmens sollte nicht unbedingt erforderlich sein. Falls Sie aber Bedenken hinsichtlich der Rahmenstruktur haben, setzen Sie ein kurzes Vierkantrohr zwischen dem Lenkkopf und der vorderen Sitzaufnahme ein. Zur Befestigung reichen einige Schweißpunkte aus. Der hier gezeigte Austausch wurde von der Unterseite des Rollers her vorgenommen. Der Grund dafür ist, dass so die serienmäßigen Schweißpunkte auf dem Mitteltunnel erhalten bleiben und nach Beendigung der Arbeiten der Roller immer noch original aussieht.

Das Zerlegen beginnt mit dem Abbohren der Schweißpunkte am hinteren Ende. Mit einem Karosseriemeißel kann dann das Blech abgetrennt werden.

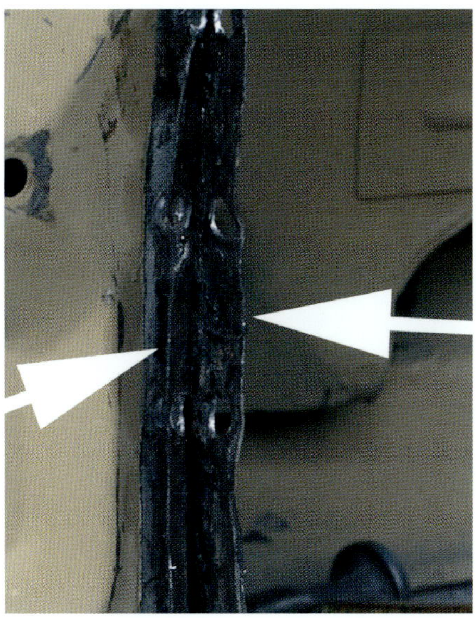

Das Bodenblech ist mit dem hinteren Rahmenteil punktverschweißt. In diesem Fall hatte jemand nach dem Schweißen das Ganze gegen das Bodenblech umgeschlagen; normalerweise sollte der Schweißfalz im rechten Winkel stehen.

Die Verstärkungsbleche können nach dem Abbohren der Schweißpunkte abgeschlagen werden. Das ist die Mühe aber nur wert, wenn sie wirklich wiederverwendet werden können; falls nicht, sparen Sie Ihre Zeit. Ersatzbleche sind günstig erhältlich.

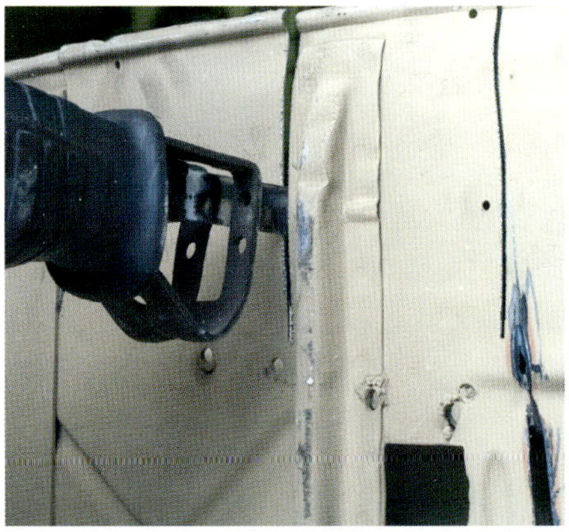

Das Bodenblech wird herausgetrennt, indem erst hinein- und dann längs des Mitteltunnels geschnitten wird. Das Herausschneiden kleiner Stücke erleichtert die Arbeit und belastet den Rahmen weniger.

Zurück bleibt das Bodenstück unter dem Mitteltunnel. Zum Entfernen werden entweder wieder die Schweißpunkte von unten abgebohrt oder das Blech soweit abgeschliffen, dass es mit einem Meißel abgetrennt werden kann.

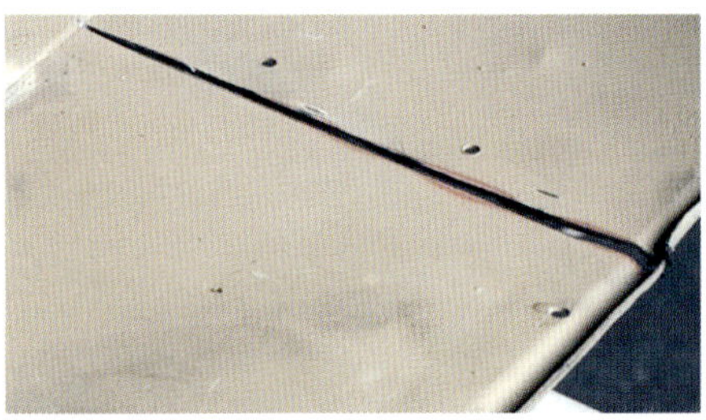

Falls nur der Boden ersetzt wird, muss genau gemessen und geschnitten werden. Ein Winkelschleifer mit einer dünnen Trennscheibe macht den dafür erforderlichen exakten schmalen Schnitt. Dabei aufpassen, dass die Scheibe nicht verkantet oder seitlich belastet wird. Sie ist recht spröde und bricht schnell auseinander.

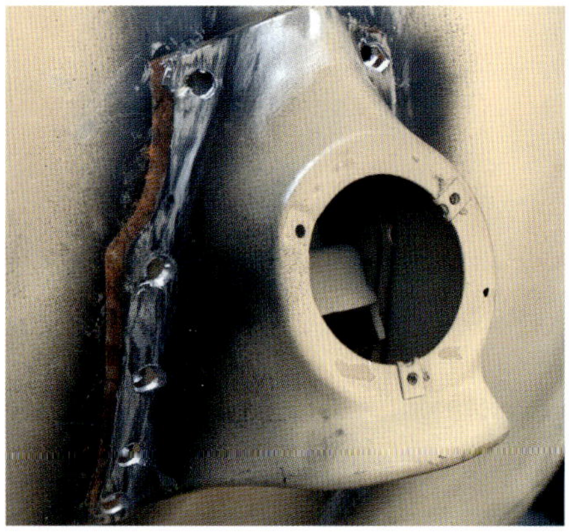

Die alte Kaskade wird durch Abbohren der Schweißpunkte entfernt. Sollte sie verrostet oder beschädigt sein, gibt es Neuteile, die an viele Modelle passen.

Beachten Sie den Rost, der sich in der Verbindungsfuge gebildet hat.

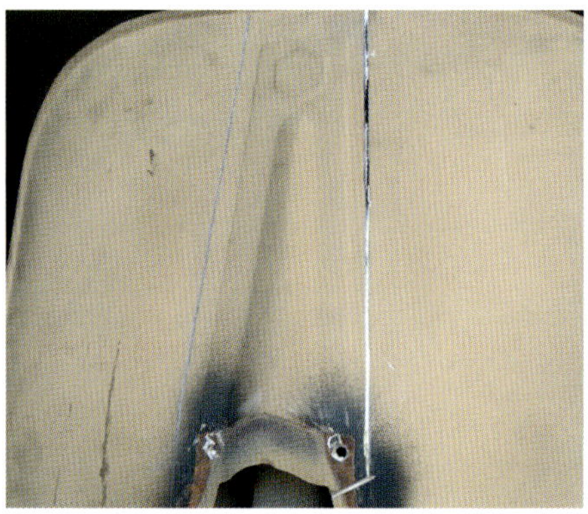

Der obere Teil der Kaskade ist in das Beinschild eingepresst. Wie bereits erwähnt, sind vollständige Ersatzteile erhältlich. Hier wurde entschieden, das Teil zu erhalten. Die Schnittstellen wurden zunächst angezeichnet und das Blech mit einer dünnen Trennscheibe herausgetrennt.

Die Verstärkung am oberen Ende des Beinschilds ist mit diesem punktverschweißt. Das alte Blech kann durch Abbohren, Abschleifen oder Abmeißeln abgetrennt werden.

Nach dem Abnehmen des Beinschilds (oder des Bodenblechs, falls nur das ersetzt wird) wird der Mitteltunnel zugänglich. Alter Rost wird entfernt und der Bereich mit Rostumwandler behandelt, gefolgt von einer Schicht Zinkspray. Beim Einschweißen der neuen Bleche wird etwas davon verbrennen, aber das Meiste verbleibt und schützt das Blech.

Darüber hinaus gibt es noch etliche Nebenarbeiten zu erledigen: Diese kleinen Blechreste sind beim Abtrennen der Bleche zurückgeblieben und müssen abgeschliffen werden.

Die Auflageflächen werden vollständig blank geschliffen. Durch das Rohr verläuft das Lenkrohr. Es ist ziemlich solide und bedurfte nur der Reinigung.

Beinschild und Bodenblech müssen sorgfältig auf dem Rahmen ausgerichtet sein. Nehmen Sie sich Zeit und messen Sie öfters nach, um sicherzustellen, dass alle Maße und Abstände stimmen. Mit Gripzangen werden die Reparaturbleche in der richtigen Einbaulage festgeklemmt und danach alles noch einmal überprüft. Erst wenn absolut sicher ist, dass alles passt, wird mit einem dicken Filzstift entlang des Mitteltunnels das neue Blech angezeichnet. Bringen Sie zur Sicherheit noch zusätzliche Kontrollmarkierungen an, die rechtwinklig zur Kante vom Mitteltunnel zum Bodenblech verlaufen. Das Reparaturblech wird wieder entfernt und gebohrt, um es für das Punktschweißen vorzubereiten. Der später vom Mitteltunnel verdeckte Bereich sollte jetzt gereinigt, entrostet und lackiert werden, da man ihn – hoffentlich für viele Jahre – nicht mehr sehen wird. Achten Sie darauf, dass Ihre Markierungen nicht verschwinden. Eine Alternative wäre, erst die Lackierarbeiten durchzuführen und danach die Markierungen anzubringen.

Das Rohr ist am Mitteltunnel mittels kräftiger punktverschweißter Halteplatten befestigt

Schließlich wird alles wieder in der richtigen Lage zusammengeklemmt (besser zweimal kontrollieren!) und verschweißt. Dabei sollten die Schweißpunkte abwechselnd an verschiedenen Stellen gesetzt werden, um die Hitzeeinwirkung zu verteilen.

Am Ende wird eine Reihe neuer, leicht erhabener Schweißpunkte zu sehen sein.

Falls nur das Bodenblech ersetzt wird, muss der vordere Abschnitt mit einer durchgehenden Naht verschweißt werden, die auch unter dem Mitteltunnel verläuft. Während des Schweißens muss diese Verbindungsstelle mit Zangen „bombenfest" geklemmt werden. Um eine übermäßige Hitzeentwicklung zu vermeiden, wird auch hier abwechselnd auf jeder Seite in kleinen Schritten verschweißt.

Reparaturbleche können geringe Abweichungen aufweisen: Hier überdecken sich zum Beispiel die Bohrungen für das Bremspedal nicht richtig. Mit einem Bohrer oder einer Feile werden sie entsprechend nachgearbeitet.

Die aus dem alten Beinschild herausgetrennte Kaskade wurde angesetzt und fixiert. Mit einem Neuteil würde auf die gleiche Weise verfahren werden.

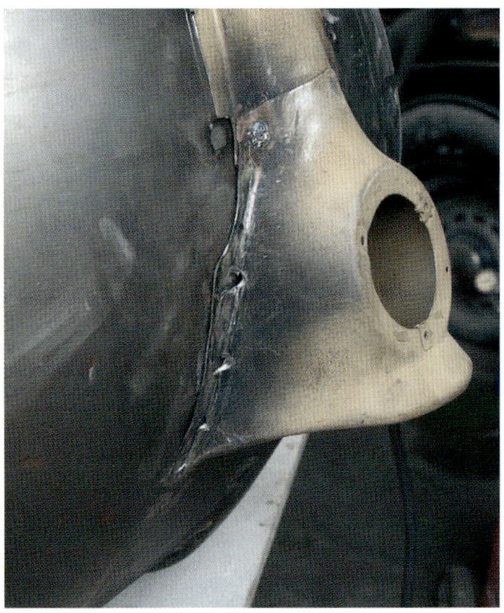

Erwarten Sie nicht, dass alles auf Anhieb perfekt passt. Diese Verbindungsstelle erforderte etwas Nacharbeit mit einem kleinen Hammer, bis sie sich der Kontur des Beinschilds angepasst hatte und mit dem Verschweißen begonnen werden konnte.

Ob nun ein neues Reparaturblech oder, wie hier gezeigt, Teile aus einem alten Beinschild verwendet werden, diese Reparatur wird nach dem Schweißen immer etwas Spachtelmasse erfordern, um einen gleichmäßigen Übergang zwischen den Teilen zu erzielen.

REPARATURBLECHE

Diese Bereiche am Unterboden sind sehr rostanfällig. Und wenn sie von außen schon korrodiert sind, können Sie davon ausgehen, dass es unter ihnen noch viel schlimmer aussieht. Ersatzbleche sind problemlos erhältlich, zeigen aber Qualitätsunterschiede. Billigere Teile sind aus wesentlich dünnerem Material hergestellt als das Original. Als Korrosionsschutzmaßnahmen sollten Reparaturbleche wie diese grundsätzlich innen lackiert und alle Nähte und Kanten abgedichtet werden. Eine Hohlraumversiegelung des Rahmens nach der Lackierung ist auf lange Sicht ebenfalls eine sinnvolle Maßnahme.

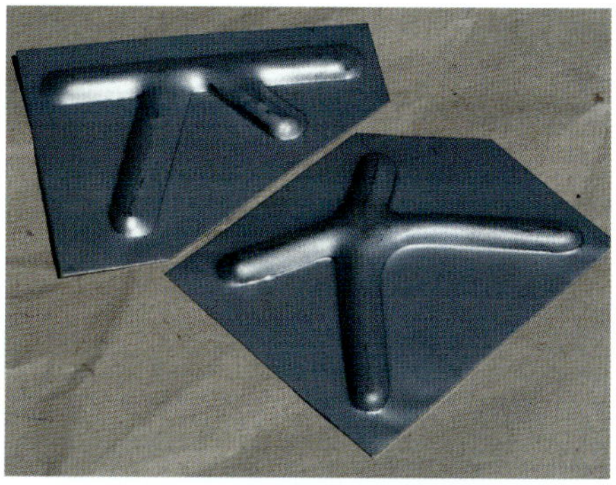

Für den Unterboden wurden neue „X"- und „K"-Verstärkungsbleche angeschafft. Sie sind ähnlich preisgünstig wie …

… ein Satz Verstärkungsstreben für das Bodenblech. Ähnlich wie beim Beinschild war eine Lage Oberflächenrost im Preis inbegriffen. Eigentlich enttäuschend, da es sich um neue Repro-Teile handelte, die noch nicht jahrelang in einem Ersatzteillager vor sich hingammelten. Beachten Sie die Einbaurichtung der neuen Streben, da sie Bohrungen oder Schlitze für die Rückholfeder des Hauptständers haben sollten.

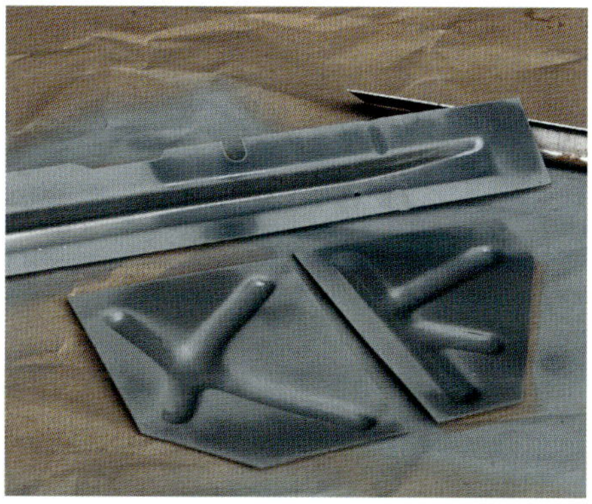

Wie der Mittelbereich des Beinschilds/Bodenblechs sollten als Korrosionsschutzmaßnahme die Innenseiten mit Zinkspray behandelt werden.

Die Aussparung im Reparaturblech wird mit der Bohrung für das Bremspedal (oberer Pfeil) ausgerichtet und der Ausschnitt im weiteren Verlauf parallel gehalten (unterer Pfeil).

Die neuen Bleche werden angelegt, um noch einmal die Positionierung und Passgenauigkeit zu prüfen.

Punktschweißen ist hier die beste Methode, denn …

… so entsteht ein sauberes Endresultat mit dicht aufeinander liegenden Kanten. Um diese dauerhaft abzudichten, sollten Sie nach dem Grundieren und vor dem Lackieren Karosseriedichtmasse auftragen.

Punktschweißungen wie hier ermöglichen auch eine einfache Überprüfung, ob richtig durchgeschweißt wurde.

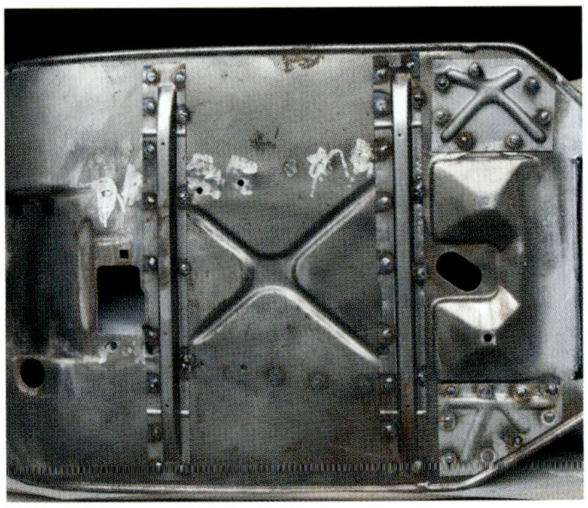

Nach Abschluss der Schweißarbeiten sollte die Rahmenunterseite allmählich wieder wie original aussehen.

Die letzte Arbeit ist das Überschleifen der Schweißpunkte, um alle Reparaturspuren zu beseitigen.

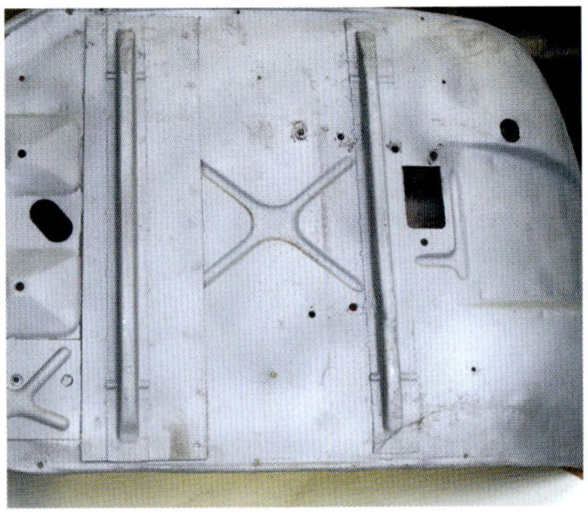

Die Unterbodenausführung ist nicht bei allen Smallframe-Modellen identisch. Im Bild ist eine spanische Version zu sehen. Sie hat unter der hinteren Querstrebe eine zusätzliche Blechlage und nur ein hinteres Verstärkungsblech. Falls absolute Originalität angestrebt wird, lässt sich auch diese Ausführung relativ einfach in der heimischen Werkstatt wieder herstellen.

BOHRUNGEN UND RISSE VERSCHLIESSEN

Es ist keine Seltenheit, dass im Laufe der Jahre zusätzliche Löcher in den Rahmen gebohrt wurden, um Zubehörteile oder Gepäckträger anschrauben zu können. Oder für fehlende Embleme wird kein passender Ersatz gefunden und die nun überflüssigen Befestigungsbohrungen müssen verschlossen werden. Falls Sie nur wenig Schweißroutine haben sollten, klemmen Sie ein Messingstück oder eine Kupfermünze an der Rückseite der Bohrung fest. Damit wird ein Durchtropfen des flüssigen Metalls verhindert. Der positive Nebeneffekt ist, dass nach dem Schweißen auch weniger Material abgeschliffen werden muss, um eine glatte Oberfläche zu erhalten.

Kleine Löcher werden einfach zugeschweißt. Diese Emblembohrung war überflüssig.

Nach dem Abschleifen wird die Reparatur unter Grundierung und Lackierung verschwunden sein.

Diese Querstrebe ist soweit intakt, hat aber einen Spannungsriss an einem Ende.

Rissreparaturen sind recht einfach: Der Riss wird genau ausgerichtet, mit Klemmen gesichert und dann verschweißt.

Sorgfältiges Verschleifen lässt die Reparatur unsichtbar werden.

WEITERE REPARATUREN

Manchmal kommt es vor, dass der Allgemeinzustand des Rahmens recht ordentlich ist, er aber eine Anzahl von kleineren Stellen hat, die individuell repariert werden könnten ohne gleich ganze Abschnitte auszutauschen. Bei diesen Flickarbeiten wird das betroffene Stück möglichst gerade am Übergang zum „gesunden" Material herausgetrennt. Aus dünnem Karton wird eine Schablone hergestellt, die Größe auf ein Blech mit der gleichen Stärke wie das Rahmenmaterial übertragen und dieses dann ausgeschnitten. Das Reparaturblech wird erst angeheftet und schließlich durchgehend verschweißt.

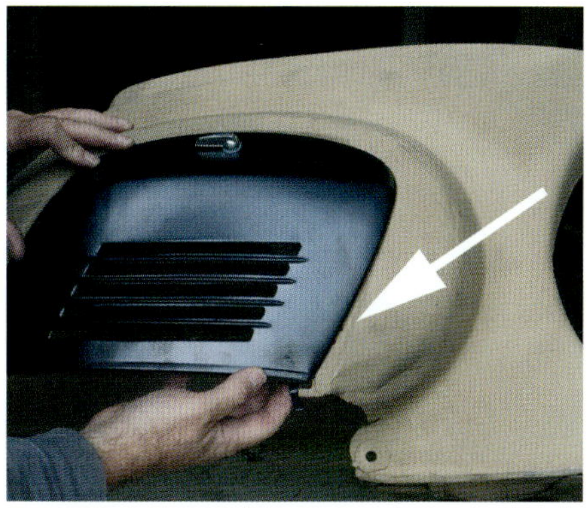

Bevor der Rahmen für die Lackierung vorbereitet wird, muss unbedingt die Passgenauigkeit aller neuen Blechteile kontrolliert werden. Dieser Seitendeckel lässt sich nicht an die Aufnahmen am Rahmen montieren; nun gilt es zu klären warum.

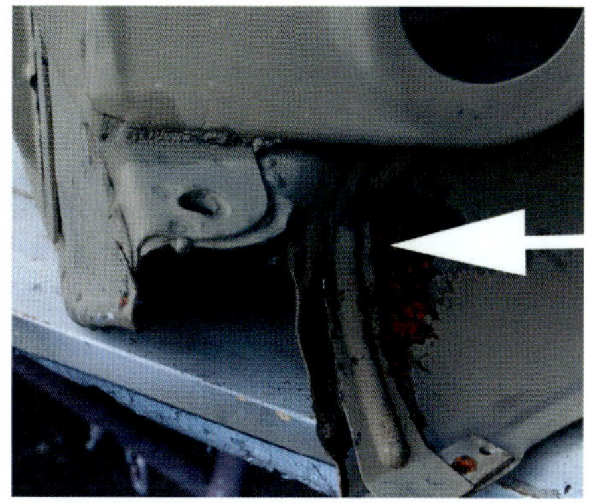

Durch ein Verstärkungsblech war die Möglichkeit, die Delle mit dem Karosseriehammer zu bearbeiten, recht beschränkt. Es wurde daher mit einem Schneidwerkzeug herausgetrennt. Alternativ dazu hätten die Schweißpunkte abgebohrt werden können.

Befindet sich der zu reparierende Schaden in der Blechmitte, wird das betroffene Stück so gerade wie möglich herausgetrennt. Zum Anfertigen einer Schablone wird ein Kartonstück unter die Öffnung gelegt und die Konturen werden darauf angezeichnet. Anschließend wird die Größe auf ein neues Blechstück übertragen und dieses auf Stoß eingeschweißt

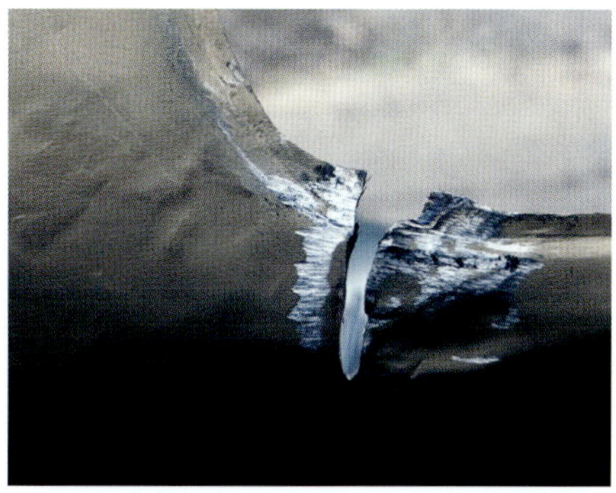

Der Übeltäter war die schlecht ausgeführte Schweißarbeit, die auf Seite 76 zu sehen ist. Die betreffende Stelle wurde abgetrennt, damit eine bessere Anpassung vorgenommen werden konnte.

Auf der Außenseite wird mit einem Stöckchen gegengehalten, während mit dem Karosseriehammer die Delle in kleinen Schritten ausgebeult wird.

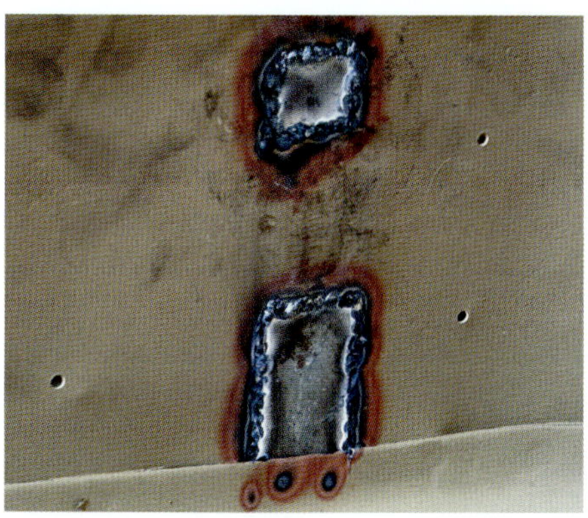

Diese kleinen Reparaturen werden nach dem Verschleifen nicht mehr zu erkennen sein. Bei sehr ebenen Oberflächen, etwa am Bodenblech, kann eine Lage Spachtelmasse zum Ausgleichen erforderlich sein.

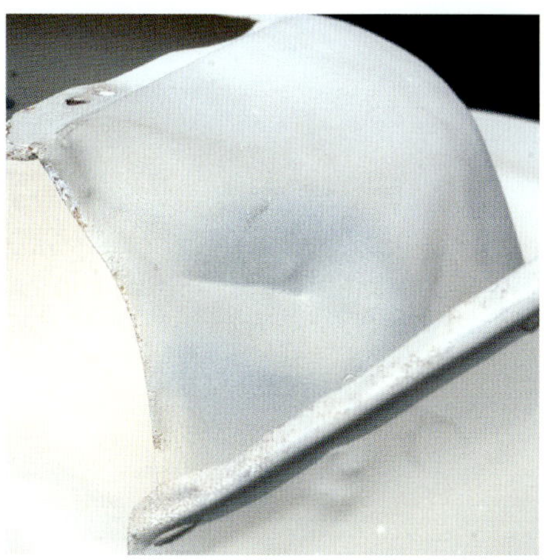

Diese Delle beeinträchtigte ebenfalls die exakte Passung des Seitendeckels und muss daher auch in Angriff genommen werden.

Nach dem Ausbeulen hatte das Blechteil wieder seine korrekte Form. Zur Überprüfung der Passung wurde der Seitendeckel mit der abgetrennten und nachbearbeiteten Aufnahme montiert und diese am Rahmen mit Gripzangen festgeklemmt. Anschließend wurde der Spalt zugeschweißt.

Die formgepresste Kante des Bodenblechs ist häufig beschädigt und verbogen. Mit einem stumpfen Meißel und einem Hammer wird zuerst die ungefähre Form wieder hergestellt.

Die obere Stoßdämpferaufnahme am hinteren Rahmenende kann durch die verzweigten Fugen der aneinander stoßenden Bleche stark korrodiert sein. Für den Reparaturfall ist ein Ersatzblech lieferbar. Mittels Karosseriedichtmasse werden die Verbindungsstellen abgedichtet, um das Eindringen von Wasser und damit neue Korrosion zu verhindern.

Ein Bohrer mit dem passenden Außendurchmesser verleiht dann dem Profil wieder seine ursprüngliche Form.

In die Sicke eingelegt dient er als Gesenk und mit einem Karosseriehammer können Wellen und andere Mängel herausgearbeitet werden.

AUSBEULEN

Das Ausbeulen von Dellen mag anfangs etwas abschreckend wirken, aber durch den einfachen Aufbau des Rahmens und seiner Blechteile ist es auf alle Fälle einen Versuch wert. Beginnen Sie immer an den Ausläufern der Verformung und arbeiten Sie sich mit vielen leichten Schlägen auf die Mitte zu. Einzelne harte Schläge sind kontraproduktiv. Die Gegenseite wird mit einem Formteil aus Metall, dem so genannten Stöckchen abgestützt, wobei ein Holzklotz diesen Zweck auch erfüllt. Versuchen Sie diese Arbeit zuerst einmal an einem Schrottteil, ein alter Kotflügel oder Ähnliches ist dafür gut geeignet. Es dauert Jahre, bis man das Ausbeulen richtig beherrscht, aber es gibt keinen Grund, warum es bei einfachen Arbeiten nicht gelingen sollte. Letzte Abweichungen können noch mit Spachtelmasse ausgeglichen werden.

ROSTUMWANDLER

Auf dem Markt gibt es zahlreiche Rostumwandler, mit denen Sie dem Rost zu Leibe rücken können, der sich in den Winkeln versteckt und am Blech des Rollers nagt. Zeitschriften wie *Oldtimer Markt* machen regelmäßig Langzeittests mit solchen Mitteln. Wertvolle Informationen gibt auch das *Praxishandbuch Korrosionsschutz* aus dem HEEL Verlag. Die Wirkung der Mittel ist am besten, wenn die Herstelleranweisungen genau befolgt werden; nehmen Sie sich also die Zeit, sie zu lesen. Der bevorzugte Aufenthaltsort hartnäckiger Rostnester ist der Stoß zwischen dem Bodenblech und dem Mitteltunnel. Führen Sie eine Drahtbürste so tief wie möglich in diesen Spalt ein und schrubben Sie alten Rost und Schmutz heraus. Anschließend behandeln sie diesen Bereich großzügig mit Rostumwandler.

SEILZÜGE

Alle in diesem Buch behandelten Smallframe-Modelle werden über Seilzüge bedient. Diesen einfachen und billigen Teilen setzt Korrosion schwer zu, und es ist weise, sie alle bei der Restaurierung zu ersetzen. Das Einziehen neuer Seilzüge in den blanken Rahmen kann ziemlich mühsam sein, weil ein Verstärkungsblech den Mitteltunnel verengt. Es befindet sich dort, wo das Beinschild nach oben in Richtung Steuerkopf abknickt. Außenzüge lassen sich dennoch gut einfädeln, indem man am Ende des noch verlegten alten Zuges eine Blechschraube eindreht, deren Kopf abzwickt und auf das Gewinde den neuen Außenzug dreht. Am alten wird dann der neue nachgezogen.

Geht das nicht, weil zum Lackieren restlos alles ausgebaut wurde, probieren Sie stattdessen, die Seilzüge wie in der Bilderfolge gezeigt von oben einzuführen und sie am Beinschild entlang gleiten zu lassen. In den meisten Fällen werden sie relativ leicht nach unten durchrutschen. Bei beiden Vorgehensweisen hilft etwas Fett auf dem durchzuführenden Ende bei der Umschiffung hinderlicher Klippen. Ersatzseilzüge können auch zu lang sein. Der richtige Weg, das zu korrigieren, ist den Seilzug zu kürzen und eine neue Endhülse aufzusetzen. Dazu sollte eine geeignete Zange verwendet werden, etwa eine Drahtzange.

Eine andere Möglichkeit wäre, die Seilzügen beim örtlichen Fahrradhändler kürzen zu lassen. Er hat die richtigen Werkzeuge und Teile und wird auch kein Vermögen für diese einfachen Handgriffe verlangen. Sollten Sie sich entschließen, die Seilzüge nicht zu kappen, werden sie auch funktionieren, aber darunter leidet das „Bedienungsgefühl". Billig-Seilzüge haben oftmals übergroße Endhülsen, die sich nicht in die Einsteller am Roller einschieben lassen. Eine vorsichtige Mischung aus Pressen mit einer Zange und leichtem Nachfeilen wird sie passend machen.

Seilzugsortimente sind preiswert, daher ist der Austausch beim Neuaufbau obligatorisch. Züge mit Nylon-Innenröhrchen sind teurer, halten aber länger und verringern die Handkräfte.

Die Züge werden von oben in den Rahmen eingeschoben.

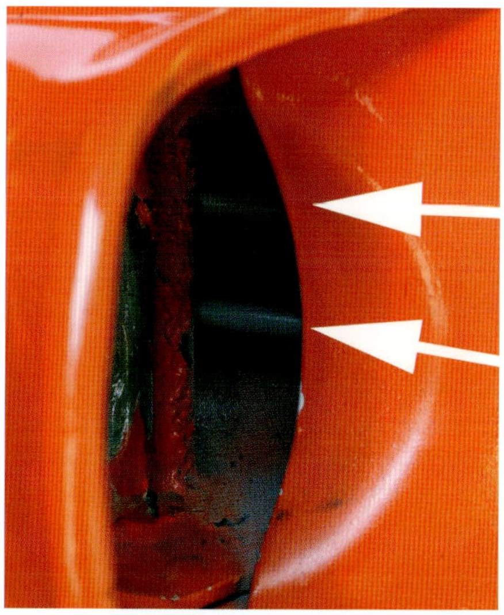

Ein Blick hinter die Kaskade zeigt den Fortgang beim Durchschieben der Züge durch den Rahmen.

Als nächstes ist ein Werkzeug mit einem kleinen Haken erforderlich; es kann auch durch Abwinkeln eines geeigneten Drahtstücks selbst hergestellt werden.

Drücken Sie jeden Seilzug beim Durchschieben mit dem Haken leicht gegen das Beinschild. Dabei ist keine große Kraft erforderlich. Es genügt schon, wenn der Seilzug mittig gehalten und am Blech entlang geführt wird; das reicht aus, um ihn durch die Rahmenöffnung zu führen.

Hat der Seilzug die Verengung passiert, lässt er sich einfach weiterschieben und wird wahrscheinlich durch die Öffnung für das Bremspedal herausrutschen. Hier ist eine weitere Engstelle im Rahmen, die überwunden werden muss. Durch sie kann der Seilzug aber einfach mit der Hand durchgefädelt werden.

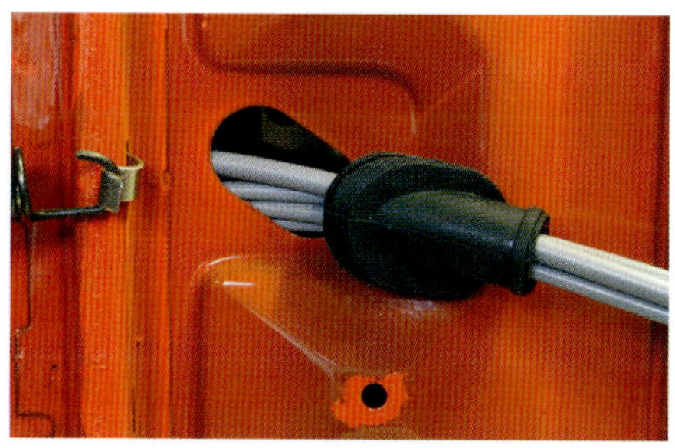

Am hinteren Ende des Bodenblechs verlassen die Seilzüge den Rahmen durch eine ovale Öffnung, die mit der abgebildeten Gummitülle abgedichtet ist. Diese Tüllen härten im Laufe der Jahre aus und reißen ein, daher werden sie zusammen mit den Seilzügen ersetzt. Die Seilzüge (und der zum Motor führende Abzweig des Kabelbaums) müssen erst durch die Tülle geführt werden, bevor diese dann in den Rahmen eingesetzt wird.

Daneben findet sich eine weitere große Gummitülle: der Ansaugbalg, der den durchgeführten Ansaugstutzen abdichtet. Auch er sollte generell erneuert werden.

BREMSPEDAL

Der Ausbau des Bremspedals wird in den Bildern gezeigt. Jüngere wie die PK-Modelle können eine abweichende Ausführung haben, bei der ein Seilzug mit einer Öse statt einer Klemme verwendet wird; der Rest ist aber identisch. Die Seilzugklemmung am Bremspedal muss ordentlich fest sein, ansonsten rutscht der Zug wieder heraus. Falls das Bodenblech oder der Beinschild ausgetauscht wurde, sollte vor der Rahmenlackierung die Bremspedalankerplatte probeweise angeschraubt werden. Die Befestigungsbohrungen müssen vielleicht mit einer Rundfeile etwas nachgearbeitet werden, bis alles wieder richtig sitzt. Eine stark korrodierter Bremspedalwelle lässt sich oft nicht mehr ausbauen. Glücklicherweise kann die komplette Hebelei als Neuteil gekauft werden.

Die Bremspedaleinheit ist an drei Befestigungspunkten am Rahmen fixiert: eine Schraube, die in eine Käfigmutter eingedreht wird (oberer Pfeil), und zwei Schrauben, die von oben durch das Bodenblech gesteckt werden und von unten mit zwei Muttern gesichert werden (untere Pfeile).

Nach Entfernen der Befestigungsschrauben und des Pedalgummis kann das Ganze mit etwas Rütteln aus dem Rahmen entfernt werden.

Das Lösen dieser Mutter entlastet die Klemmplättchen, die den Seilzug halten.

Die Klemmplättchen sind auf einem Stift gelagert, dessen Sicherungssplint sehr häufig verrostet ist. In diesem Fall zwicken Sie die Enden am Stift ab und schieben den Rest heraus.

Der Stift selbst ist meist ebenfalls stark korrodiert. Ersatz ist auch hier wieder günstiger und sicherer als Aufarbeitung.

Die Rückholfeder des Bremspedals rostet und verformt sich mit der Zeit; Ersatz ist preiswert und problemlos erhältlich. Die Feder hat keine allzu große Vorspannung. Zum Einbau wird sie am vorderen Bolzen eingehakt und mit einer Spitzzange in die Aufnahmebohrung gezogen.

Der Bremslichtschalter ist mit einer Schraube (Pfeil) auf einer Gummidichtung fixiert.

Nach der Überarbeitung wird die Bremspedaleinheit in der umgekehrten Ausbaureihenfolge wieder eingebaut. Am Pedal findet sich zum Schutz der Bodenblechunterseite ein dicker Dichtungsring. Falls der beschädigt ist, wird er ersetzt.

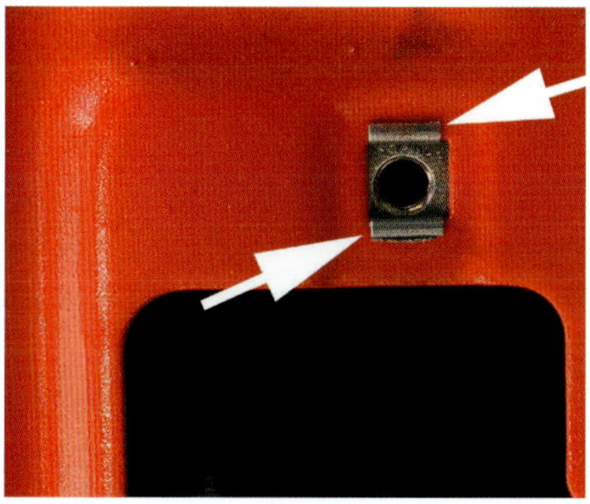

Die Haltemutter der Ankerplatte im Bodenblech rostet auch heftig, daher sollte sie erneuert werden. Sie wird mit einer Klammerseite eingehängt und die andere Seite mit einem Schraubendreher gegen die Mutter gedrückt, bis sie über den Blechrand rutscht.

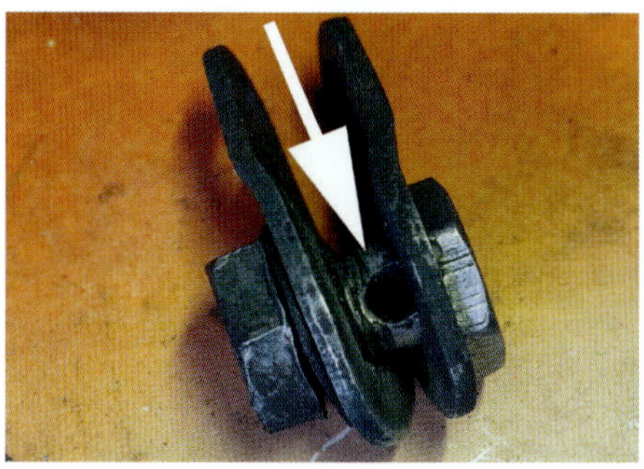

Der Seilzug wird durch die Bohrung (Pfeil) geführt und anschließend zwischen die Plättchen geklemmt, die durch das Anziehen der Mutter aufeinandergepresst werden.

LENKSCHLOSSAUSTAUSCH

Das wohl am häufigsten fehlende Teil an einem Roller ist der Schlüssel für das Lenkschloss. Das Ausbohren des alten Schlosses ist nicht allzu schwierig, kann aber recht zeitraubend sein, da sich der letzte Sperrriegel recht tief im Gehäuse befindet.

Der Ausbau des Lenkschlosses beginnt mit dem Abhebeln der drehbaren Klappe. Meist funktioniert das durch vorsichtiges Hebeln mit der Schraubendreherklinge, notfalls müssen es ein paar Hammerschläge tun.

Der Halteniet sollte sich bei der Aktion möglichst mitlösen. Falls er abreißt, muss er mühsam ausgebohrt werden

Das Schloss selbst muss ausgebohrt werden. Beginnen Sie mit einem Bohrer, der in etwa der Schlüsselgröße entspricht (ca. 10 mm), bohren Sie den Schließzylinder aus und entfernen Sie verbliebene Reste.

Nachdem der Schließzylinder entfernt wurde, wird ein passender Schraubendreher in die Öffnung geschoben, durch Drehen mit dem Schlossrest verkeilt und dieser so herausgezogen. Dahinter findet sich eine Feder (nicht bei den spanischen Modellen), die ebenfalls entfernt werden muss, falls sie nicht schon mit dem Schlossrest ausgebaut wurde.

Die Lenkschlösser sind nicht einheitlich. Die Nase kann 4 mm oder 6 mm breit sein, ebenso gibt es Längenunterschiede. Spanische Modelle unterscheiden sich von italienischen, was bei der Bestellung beachtet werden muss.

Jedoch sind für alle Modelle die passenden Schlösser sehr preiswert erhältlich.

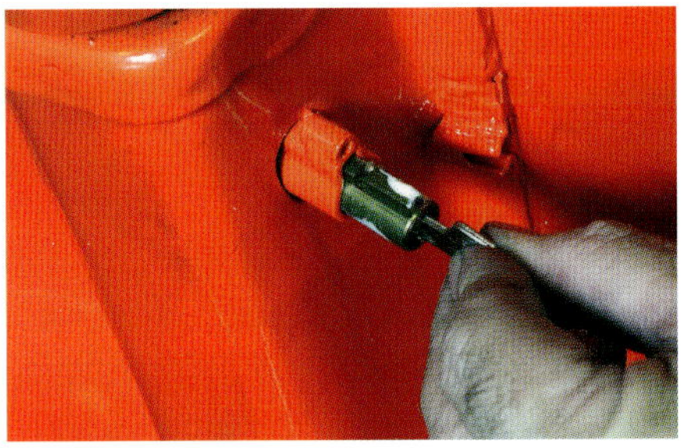

Vor dem Einbau des neuen Schlosses muss die Aufnahme im Rahmen gründlich gereinigt werden. Das Schloss wird mit etwas Fett geschmiert und – falls vorhanden – die Feder aufgesetzt. Zum Einbauen in den Rahmen müssen der Schlüssel ins Schloss gesteckt und der Schließzylinder nach links gedreht werden, damit der Sicherungsstift ausgerichtet ist. Jetzt kann das Schloss in die Aufnahme geschoben werden. Der Schlüssel wird anschließend entfernt, und das Schloss rastet im Rahmen ein.

Die neue Niete des Lenkschlossdeckels hat einen Schaft mit spiralförmigen Nuten und ist etwas größer als die Bohrung. Diese Presspassung gewährleistet die richtige Funktion des Deckels.

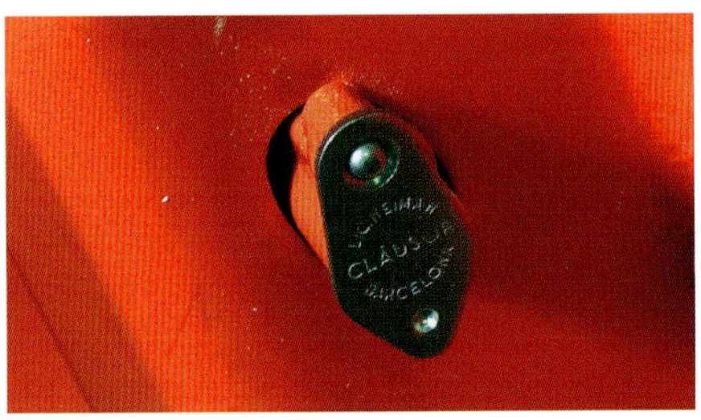

Mit einem kleinen Hammer wird die Niete in die Bohrung eingeschlagen. Die Beweglichkeit des Deckels wird von der Einschlagtiefe der Niete beeinflusst, daher muss gegen Ende kontrolliert werden, wie leicht sich der Deckel drehen lässt. Dazu sollte ein ganz klein wenig Kraftaufwand erforderlich sein, da er andernfalls beim Fahren klappert.

STOSSDÄMPFER

Der hintere Stoßdämpfer kann zum Abnehmen der Feder zerlegt werden, aber sein Innenleben ist nicht reparabel. Sollte er undicht sein, führt am Austausch kein Weg vorbei. Federn sind mit unterschiedlichen Federraten erhältlich und schwerere Fahrer werden eine härtere Ausführung wählen. Der Stoßdämpfer ist mit einem Gummipuffer verschraubt, der wiederum über eine Mutter mit Federring am Rahmen befestigt ist. Original Piaggio-Gummipuffer sind den etwas höheren Kaufpreis wert, da sie länger halten. Für aufwendigere Stoßdämpfer, auch in Sportausführung, gibt es ein umfangreiches Angebot, wobei viele aber deutlich teurer sind.

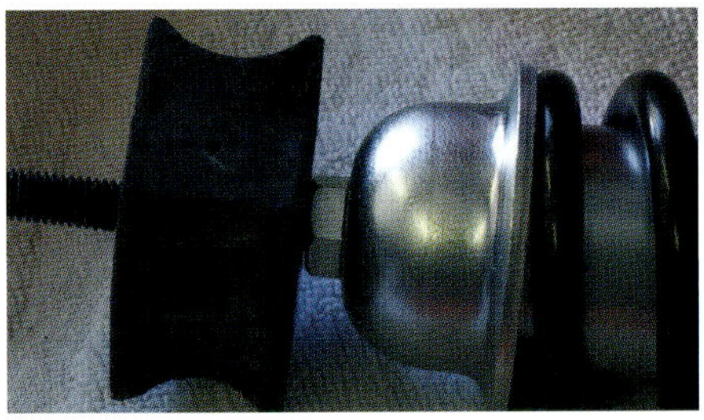

Der hintere Stoßdämpfer stützt sich über einen großen Gummi-Silentblock am Rahmen ab. Auch wenn der Dämpfer nicht erneuert wird, sollte der Block unbedingt ersetzt werden, da er sich im Laufe der Zeit verzieht und der Gummi versprödet. Sollte er beim Fahren auseinanderfallen, kann daraus eine lebensgefährliche Situation entstehen!

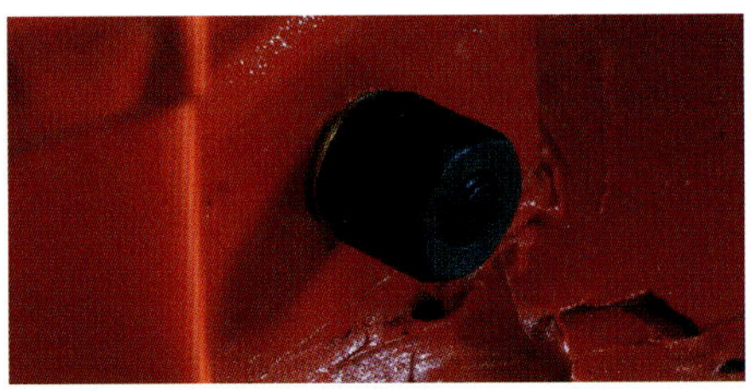

Der Stehbolzen des Gummipuffers wird durch den Rahmen gesteckt und mit einer Mutter festgezogen. Vergessen Sie bei der Montage nicht, den Federring unter die Mutter zu legen.

SEITENDECKEL UND HANDSCHUHKÄSTEN

Diese Teile können neu gekauft werden und sind relativ preiswert. Daher ist der Austausch anstelle einer Reparatur sinnvoller. Ausgenommen davon ist die seltene frühe Abdeckung für die kleinen Motoren, die etwa das Vierfache kostet wie die spätere größere Ausführung. Abschließbare Seitendeckel sind ebenfalls erhältlich und bieten natürlich eine größere Sicherheit. In manchen Ländern wurden Handschuhkästen angeboten, die am Beinschild montiert sind. Auch für sie werden Reproduktionen angeboten, die als Ersatz für ein beschädigtes Original oder als zeitgenössisches Zubehör montiert werden können, wenn zusätzlicher Stauraum benötigt wird. Manche Modelle besitzen ein kleines Staufach in der Seitenbacke. Dessen Deckel ist über einen Splint an der Backe befestigt, was den Ausbau einfach gestaltet. Neue Deckel samt Dichtungen sind erhältlich, genauso wie das Schloss, das über eine einfache u-förmige Federklammer gesichert ist. Mit einer Zange kann die Klammer abgezogen und das Schloss entfernt werden. Zum Einbau schmieren Sie die neue Platte mit etwas Fett.

Die Auflage der Seitendeckel ist mit Anschlaggummis versehen, um Klappergeräusche zu vermeiden. Diese Gummis können einzeln oder im Satz erworben werden. Sie werden von der Rückseite über das konische Ende in ihren Sitz gezogen, wobei meist mit einem Schraubendreher von der Vorderseite nachgeholfen werden muss, um das letzte Stück durch die Öffnung in seinen Sitz rutschen zu lassen.

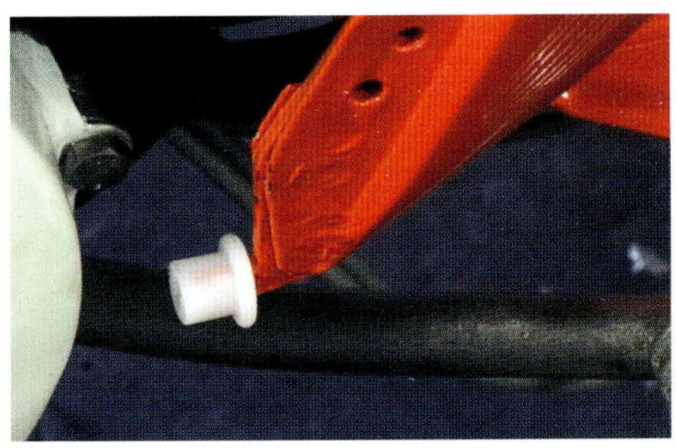

Die Seitendeckel sind auf kleinen Kunststoffhülsen gelagert, die sehr häufig defekt sind oder ganz fehlen. Sie werden einfach aufgeschoben, können allerdings auch recht stramm sitzen.

Kapitel 5
Lackierung

EINE FRAGE DES FINISHS

Egal, mit welchem Aufwand Sie die Restaurierung betrieben haben, die meisten Leute werden das Endergebnis anhand der Lackierung bewerten. Eine gute Lackierung in der heimischen Werkstatt hinzubekommen, sollte kein Problem sein, obwohl es unwahrscheinlich ist, dass damit ein absoluter Hingucker entsteht. Jetzt ist der Zeitpunkt gekommen, darüber nachzudenken, Arbeiten in professionelle Hände zu geben. Sollten Sie sich dazu entschieden haben, sehen Sie sich zunächst an, wie der Lackierer bisher gearbeitet hat. Lassen Sie sich einen schriftlichen Kostenvoranschlag geben. Fragen Sie nach einem Komplettpaket, das auch die Beseitigung kleiner Mängel beinhaltet, die Sie vielleicht bei der Vorbereitung übersehen haben. Damit übertragen Sie die Verantwortung, diese festzustellen und zu beheben, an die Lackiererei, was sich allerdings auch in höheren Kosten niederschlagen wird.

FARBWAHL

Falls Sie den Roller in den Auslieferungszustand versetzen wollen, kann Ihr örtlicher Farbenhändler die entsprechende Farbe anmischen. Als Vorlage dazu dient ein nicht ausgebleichtes Farbmuster, vielleicht die Innenseite des Handschuhkastens. Der über das Internet abrufbare Piaggio-Farbcode bezieht sich auf Max Meyer Farben, jedoch gibt es auch Umschlüsselungstabellen für andere Farbenhersteller, etwa PPG. Bei Neuanmischungen kann es manchmal zu leichten Farbabweichungen kommen (vielleicht lag es auch am Farbenhändler des Autors). Zeitgenössische Fiat-Farben decken sich auch recht gut mit den Rollerfarben. Die letzte Alternative wäre, die Originalität einfach zu vergessen und den Roller nach eigenem Gusto zu lackieren.

WAS IST ERFORDERLICH?

Das Wichtigste ist natürlich die Spritzpistole. Hier gibt es gravierende Preisunterschiede, aber es wäre Geldverschwendung, eine hochwertige Ausführung zu kaufen, wenn Sie keinen leistungsfähigen Kompressor haben. Auch für das Lackieren von etwas Kleinem wie einer Vespa benötigen Sie einen Kompressor mit mindesten 2 PS und 50-Liter-Behälter. Dazu kommen ein Wasserabscheider und Luftschläuche samt Kupplungen.

Preiswerte Kompressoren haben meistens Direktantrieb und sind im Betrieb recht laut. Die meisten Nachbarn werden darüber nicht sehr erfreut sein, selbst wenn sie die entstandenen Spritznebelwolken noch gar nicht wahrgenommen haben (eine abseits gelegene Werkstatt ist ein großer Vorteil). Wesentliche Voraussetzung für ein gutes Ergebnis ist neben ausreichend Platz helle Beleuchtung. Leuchtstoffröhren sind am wirtschaftlichsten; sie sollten aber abgedichtet sein, damit sich der Farbnebel nicht entzünden kann.

Das wichtigste Utensil bei der persönlichen Ausrüstung ist eine geeignete Atemschutzmaske mit auswechselbaren Filtern, die zu der verarbeiteten Farbe passen. Ein sauberer Arbeitsanzug ist sinnvoll, praktischer sind ein Einweganzug mit Kapuze aus Papier und Einweghandschuhe. Kaufen Sie die Handschuhe auch bei Ihrem Farbenhändler, denn nicht alle sind lösemittelbeständig und manche verwandeln sich leicht in eine klebrige Masse.

Das Lackieren in der eigenen Werkstatt erfordert Investitionen in eine umfangreiche Ausrüstung. Sparen Sie nicht am falschen Ende, wenn es um Ihre Gesundheit geht, besonders um den Schutz Ihrer Lungen. Eine qualitativ hochwertige Atemschutzmaske, die für den Umgang mit Nitro-Lacken geeignet ist, kostet etwa soviel wie ein neuer Reifen und ist gut angelegtes Geld.

SPACHTELMASSE

Trotz ihres schlechten Rufs, begründet im Missbrauch durch zweifelhafte Autohändler, ist Spachtelmasse ein unverzichtbares Hilfsmittel für den Restaurierer. Sie ist nicht dazu gedacht, große Dellen aufzufüllen – die sollten ausgebeult werden – aber sie ist das perfekte Mittel, um als feiner Überzug letzte Unebenheiten auszugleichen. Sie muss zu Beginn gründlich durchmischt werden, damit eingeschlossene Luftblasen entweichen können, und wird dann mit langen gleichmäßigen Bewegungen auf die Oberfläche aufgezogen.

Spachtelmasse sollte wirklich nur auf blankes und entfettetes (Silikonentferner) Metall aufgetragen werden, das zwecks besserer Haftung aufgeraut ist. Eine zu feine Oberfläche kann unter Umständen schon zu glatt sein. Andererseits haften moderne Rezepturen derart gut auf jeglichen gestrahlten Oberflächen, dass man bei der Vorbereitung des Untergrunds wegen geringer Rückstände keine Bedenken haben muss.

Das Ganze sollte über Nacht trocknen, denn selbst wenn es sich schnell trocken anfühlt, kann es noch eine gewisse Zeit schrumpfen. Mit grobem Schleifpapier wird die Reparaturstelle ungefähr in Form gebracht und anschließend etwa mit 240er Körnung feingeschliffen, wobei auch die anfänglichen Schleifspuren allmählich verschwinden werden.

Einweg-Staubschutzmasken sind ein preiswerter Schutz, sinnvoll beim Schleifen und da vor allem beim Abschleifen der Spachtelmasse.

Dellen und Wellen werden auch unter der Grundierung sichtbar bleiben. Falls Spachtelmasse aufgetragen werden muss, ist das Abschleifen bis auf das blanke Metall erforderlich, um ein gutes Anhaften zu gewährleisten. Ein Schwingschleifer mit seiner ebenen Schleiffläche lässt Farbreste in den Vertiefungen zurück, was sie deutlich sichtbar macht. Sie werden mit einer Drahtbürste entfernt, die in eine Bohrmaschine oder einen Winkelschleifer eingespannt ist.

Je nach Ausmaß der Beschädigung kann es schon ausreichen, die Vertiefungen bis auf das Oberflächenniveau des Grundmaterials aufzufüllen.

Kaufen Sie keine billige Spachtelmasse. Sie ist meist kompakter und dadurch schwieriger zu verarbeiten. Einmal ausgehärtet, füht sie sich beim Schleifen wie Beton an. Achten Sie beim Kauf auf die Angabe „leicht schleifbar" oder ähnliche Begriffe. Das Anmischen muss sehr gründlich erfolgen, um die Bildung von Lufteinschlüssen zu verhindern, da diese die Oberfläche ruinieren.

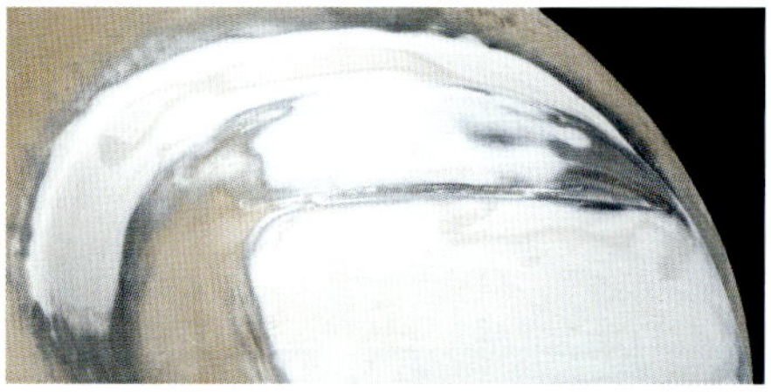

Bei stark beeinträchtigten Metalloberflächen kann es wesentlich einfacher sein, den ganzen Bereich dünn mit Spachtelmasse zu überziehen und ein neues Oberflächenniveau zu gestalten. Besonders wenn wenig Erfahrung in diesen Arbeiten vorhanden ist, führt das zu einem schnelleren und besseren Endergebnis.

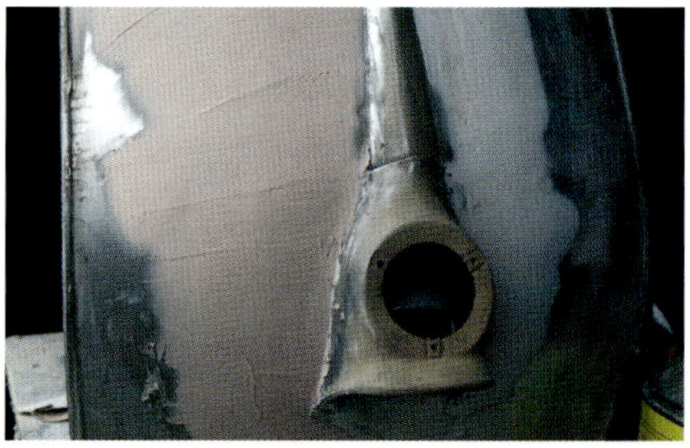

Nach dem Einsetzen eines Teils, wie im Kapitel 4 „Rahmen" am Beispiel der Kaskade beschrieben, ist es meist erforderlich, die Spachtelmasse über einen weitaus größeren Bereich aufzutragen als ursprünglich gedacht. Obwohl der Beinschild neu war, war erheblich mehr Spachtelmasse erforderlich, um gute Übergänge zu erzielen. Damit konnte aber auch eine leichte Druckstelle im Beinschild mit abgedeckt werden, was letztendlich zu einem guten Endresultat führte.

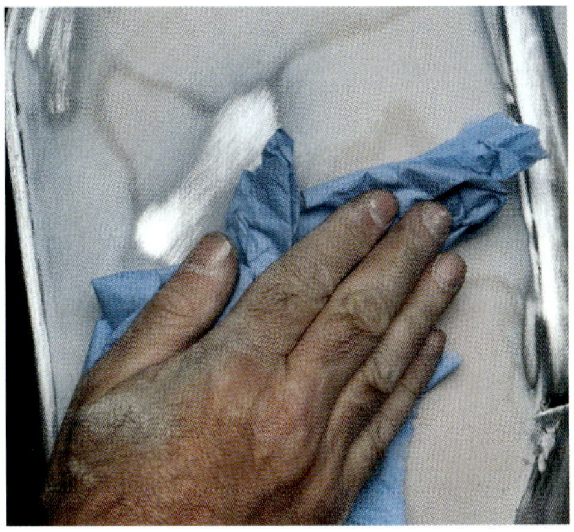

Vor dem Grundieren muss jeglicher Schleifstaub abgewischt werden, weil sonst die nachfolgenden Schichten nicht richtig haften. Sehr gut dafür geeignet ist ein Papier, das in Rollen im Farbenhandel erhältlich ist. Als Alternative kann auch hochwertiges, unbedrucktes Küchenpapier verwendet werden.

ARBEITSPLATZVORBEREITUNG

Die meisten Schrauber verfügen nicht über den Luxus einer Spritzkabine, daher müssen zur Vorbereitung der Werkstatt einige wesentliche Schritte unternommen werden. Beim Lackieren ist Sauberkeit ein absolutes Muss, jedoch ist nach dem Schleifen der Spachtelmasse alles recht staubig. Zuerst wird alles gründlich gesaugt und danach der Boden befeuchtet. Alle erreichbaren Flächen werden abgeblasen, dann lässt man alles für etwa eine halbe Stunde ruhen. Anschließend wird die Werkstatt ausgewischt und das Ganze wiederholt. Wenn möglich, bauen Sie über dem Roller eine Art Zelt auf. Es hält noch irgendwo vorhandenen Staub ab, der nur darauf wartet, während des Lackierens auf den Roller zu rieseln. Achten Sie auf mögliche Zündquellen und schalten Sie alle elektrischen Geräte aus – natürlich außer den Kompressor.

NEUE BLECHTEILE

Neue Teile können mit einer speziellen Transportgrundierung geschützt sein. In dem Fall sollte die Grundierung so gut es geht abgeschliffen werden, bevor Sie das Blech selbst mit Haftgrund weiterbehandeln. Generell gilt: Blankes Blech sollte gründlich entfettet werden, weil nur auf fettfreiem Untergrund Füller, Grundierung und Lack haften. Dazu eignen sich Silikonentferner, Spezialwaschbenzin und Verdünner.

Dass ein Blechteil neu ist, bedeutet nicht automatisch, dass es auch völlig fehlerfrei ist. Kleine Dellen, die bei der Lagerung oder auf dem Transport entstehen, sind nicht ungewöhnlich. Dieser Seitendeckel hat ein ganz anderes Problem, nämlich die hervorstehenden Schweißpunkte des Deckelscharniers. Hier muss man abwägen, wie deutlich sie nach der Lackierung noch zu sehen sein werden oder ob es angebracht ist, sie durch Spachteln des Bereichs völlig verschwinden zu lassen.

Es kann vorkommen, dass Bleche metallisch blank und mit Korrosionsschutzöl behandelt geliefert werden. Dessen Entfernung kann eine richtige Strafarbeit sein. Mit reichlich Silikonentferner und vielen Papiertüchern wird die Oberfläche gründlich gereinigt, bevor sie grundiert werden kann.

Ersatzkotflügel und dergleichen werden gewöhnlich mit einem Überzug aus schwarzer Transportgrundierung geliefert. Diese haftet sehr gut, aber nach längerer Lagerzeit kann Korrosion entstanden sein, die auch unter die Deckschicht gekrochen ist. Daher ist es kein Fehler, alles bis auf das blanke Metall abzuschleifen. Danach wird die Oberfläche auf die gleiche Weise weiterbehandelt wie die des Rahmens

ABKLEBEN

Sinnvollerweise werden Schraubenbohrungen und Bolzen abgeklebt, damit sie nicht zu- oder mitlackiert werden. Gleiches gilt auch für die Lagerschalen des Lenkrohrs, falls sie nicht erneuert werden. Kaufen Sie das Abklebeband bei Ihrem Lacklieferanten, da es qualitativ besser ist als Baumarktware.

Unabhängig davon, was Sie verwenden, Sie sollten immer ein kleines umgefaltetes Klebebandende überstehen lassen, um das Abziehen zu vereinfachen. Entfernen Sie das Klebeband vor dem vollständigen Aushärten der Farbe, andernfalls besteht die Gefahr, dass die Farbe im Randbereich mit abgerissen wird. Klebeband neigt auch zum Aushärten, wenn es den Farbchemikalien ausgesetzt ist.

ROSTUMWANDLER/ ANTIKORROSIONSFÜLLER

Lesen Sie vor der Anwendung entsprechender Mittel gründlich die Herstelleranweisungen. Alle erhältlichen Lösungen enthalten giftige und noch anderweitig schädliche Chemikalien. Daher müssen die Sicherheitsvorschriften genau befolgt werden! Nach Ausführung aller erforderlichen Reparaturen und Spachtelarbeiten ist es angebracht, die blanken Blechteile nochmals mit möglichst mehreren Schichten zu behandeln. Falls allerdings nur eine Nachlackierung vorgenommen wird und die alte Oberfläche nicht bis aufs blanke Metall abgeschliffen wurde, sollte man auf die Behandlung verzichten, da sie alte Schichten angreifen kann.

Das Auftragen der Grundierung mit der Spritzpistole ist übrigens unproblematisch und daher eine gute Übung für das spätere Lackieren. Stellen Sie die Spritzpistole anhand der Bedienungsanleitung ein. Der Spritzstrahl sollte schlank kegelförmig und gleichmäßig dicht sein. Halten Sie die Spritzpistole eine gute Handspanne von der Oberfläche entfernt und halten Sie diesen Abstand, indem Sie allen Formen des Blechs genau folgen. Lösen Sie den Sprühstrahl schon vor dem zu lackierenden Teil aus und schalten Sie in erst ab, wenn Sie es auf der anderen Seite verlassen haben. Die einzelnen Durchgänge sollten sich etwa zur Hälfte überdecken. Im Internet gibt es zum Lackieren eine Fülle von Informationen, Hinweisen und Ratschlägen, die aber nicht die praktische Erfahrung ersetzen.

GRUNDIERUNG

Zwei Durchgänge Haftgrund sollten es schon sein. Die Grundierung dient als Basis für den Decklack und sogar dazu, leichte Unregelmäßigkeiten auszugleichen. Sie wird mit 600er Nassschleifpapier nachgeschliffen, um eine gleichmäßige Oberfläche zu erhalten. Dabei

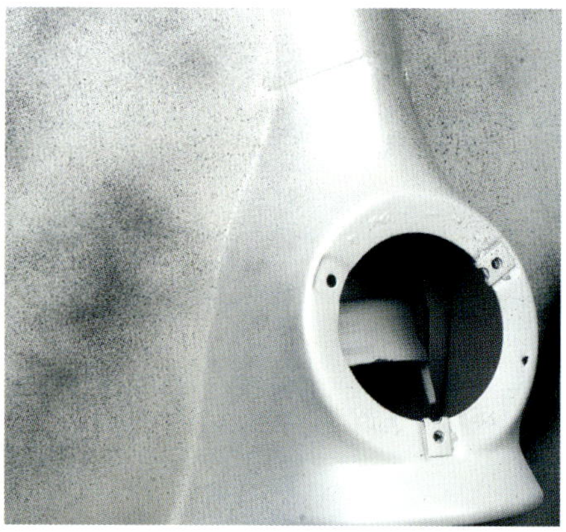

Auf die gereinigte Oberfläche werden einige Schichten Grundierung aufgetragen und trocknen gelassen. Dann wird das Ganze hauchdünn mit seidenmatter schwarzer Farbe aus der Sprühdose eingenebelt; sie wird recht schnell ablüften. Im nächsten Schritt wird mit gut befeuchtetem Nassschleifpapier in 600er Körnung die Oberfläche gerade soweit abgeschliffen, dass die schwarze Farbe verschwindet …

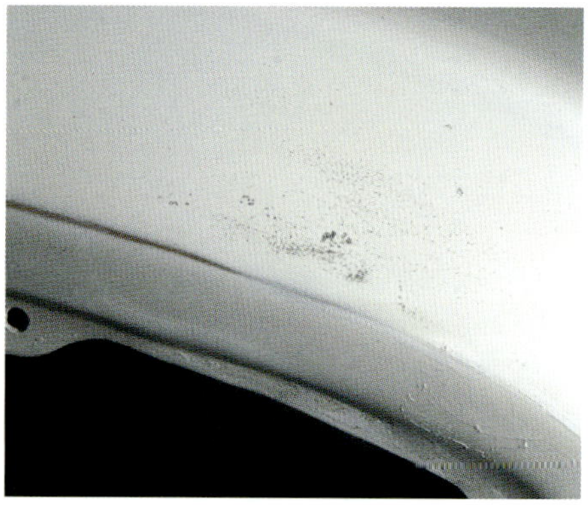

… außer dort, wo sie in unerwünschten Vertiefungen unberührt bleibt. Alle Oberflächenfehler, also auch Schleifspuren vom Spachteln, treten nun schwarz aus der hellen Grundierung hervor.

Diese kleinen Mängel können mit Spachtelmasse aus der Tube ausgebessert werden (für diesen Zweck ist Spachtelmasse auf Zellulosebasis am besten geeignet). Hierbei handelt es sich um einen sehr feinen Füller, der sehr dünn aufgetragen werden kann. Am besten dazu geeignet ist ein weicher Schaumstoffspatel, der exakt der Oberflächenkontur folgen kann.

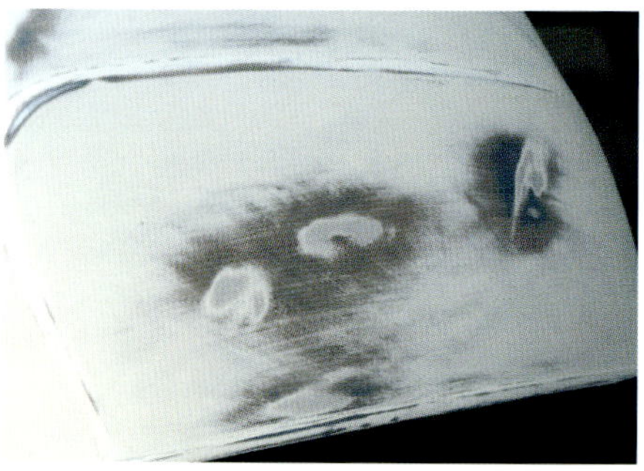

Nach dem völligen Aushärten des Füllers – am besten über Nacht – wird der Bereich wieder mit 600er Nassschleifpapier abgeschliffen. Danach kann die Oberfläche des Rollers wie ein Flickenteppich erscheinen: Auf dem Bild sichtbar sind das blanke Metall, das Braun der Rostumwandlerbehandlung, das Weiß der Grundierung und das Hellgrau des Füllers.

sollte das Schleifpapier stets nur mit klarem Wasser angefeuchtet werden.

ABDICHTEN

Das Abdichten des Spalts zwischen Mitteltunnel und Bodenblech ist auf den Bildern zu sehen. Das wurde zwar werkseitig nicht vorgenommen, aber wenn diese Arbeit sorgfältig ausgeführt wird, ist sie vollkommen unauffällig und verhindert das Eindringen von Wasser in dieses Rahmenteil. Weitere Stellen, die sinnvollerweise abgedichtet werden, sind – wie schon im Kapitel Rahmen besprochen – die Verbindungsfugen der Bleche im Motorraum an der Rahmenunterseite.

Verwenden Sie nur für den Einsatz im Automobilbereich ausgewiesene Dichtmasse. Silikondichtmasse für den Hausbau scheint verlockend preisgünstig zu sein, kann aber mit Stahl reagieren und Korrosion beschleunigen, was wohl nicht im Sinne des Verwenders ist. Der Versuch, so etwas zu lackieren, wird böse scheitern. Eine Schicht Unterbodenschutz ist eine zusätzliche Schutzmaßnahme für Roller, die nicht nur bei schönem Wetter bewegt werden. Prüfen Sie aber vorher, ob sich das Material mit dem Decklack verträgt, den Sie am Ende aufspritzen.

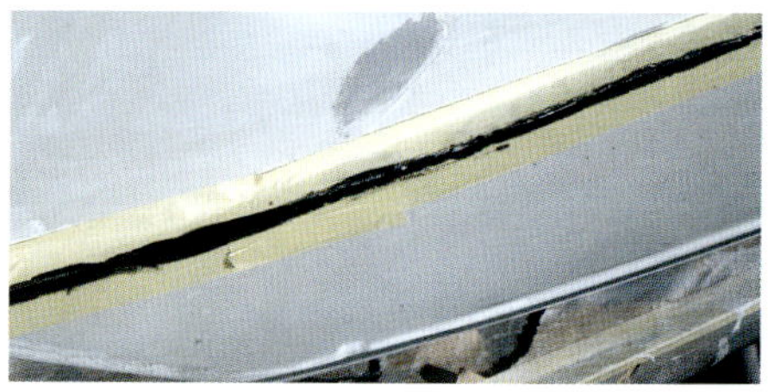

Die Verbindung zwischen Bodenblech und Mitteltunnel kann eine Problemzone sein. Unbemerkt beginnt es im Spalt zu rosten, und nach einiger Zeit verschmutzt dort eine braune Brühe die Lackierung, wenn der Roller nass wird. Das Abdichten dieser Fuge ist mit Sicherheit kein Fehler und bei richtiger Ausführung nach dem Lackieren des Rollers kaum sichtbar. Dazu wird ein Streifen Abklebeband auf die obere Stoßfläche am Mitteltunnel aufgeklebt, ein weiterer auf dem Bodenblech und hier so nah wie möglich am Spalt verlaufend. Anschließend wird eine dünne Raupe Karosseriedichtmasse aufgetragen. Dabei sollte darauf geachtet werden, dass die Dichtmasse gut in den Spalt zwischen den Blechen eindringt.

Schließlich sollten Sie noch in Erwägung ziehen, das Rahmeninnere mit einem Korrosionsschutz zu versehen. Dazu bietet sich

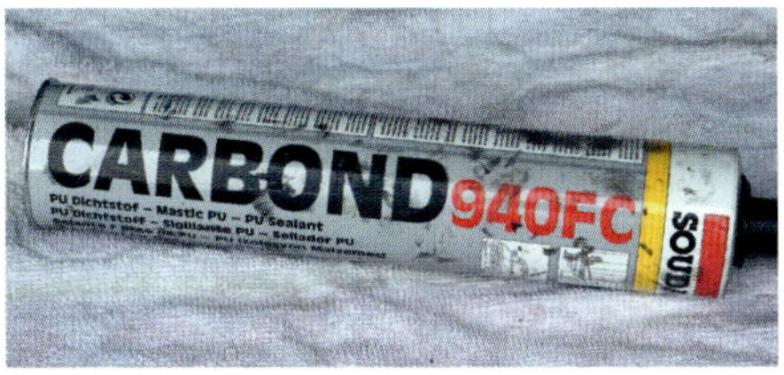

Verwenden Sie nur ausgewiesene Karosseriedichtmasse, da diese das Metall nicht angreift und mit den meisten Lacken verträglich ist.

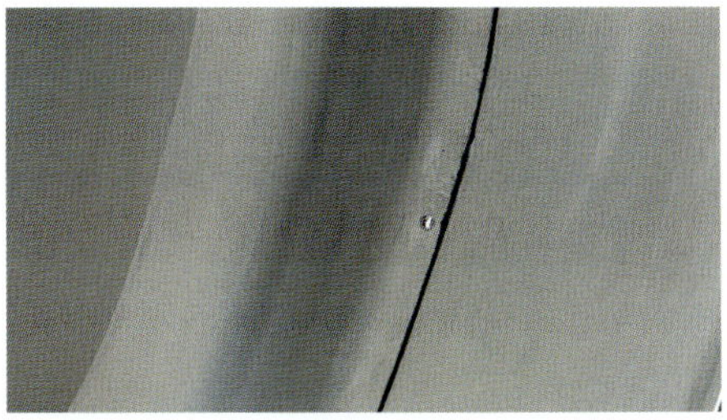

Ziehen Sie das Klebeband vorsichtig ab, solange die Dichtmasse noch nicht ausgehärtet ist. Als Belohnung sollte eine sehr feine Raupe zurückbleiben, die den Spalt perfekt abdichtet.

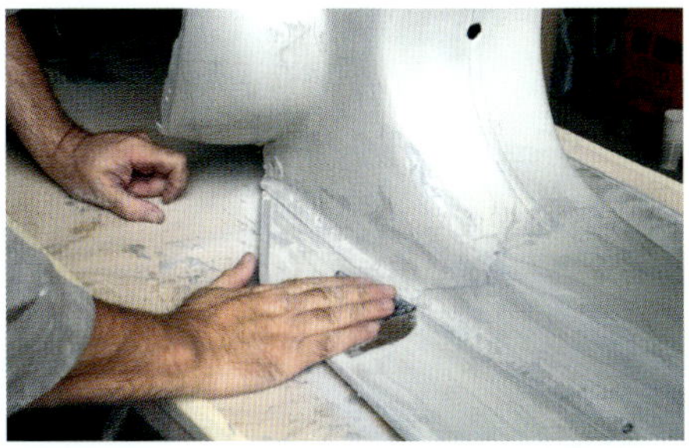

Jetzt werden zwei oder drei Schichten Grundierung auf den gespachtelten und gefüllerten Rahmen aufgespritzt. Nach dem Trocknen wird erneut geschliffen, dieses Mal mit Nassschleifpapier in 800er Körnung. Es wird reichlich mit Wasser genässt, in das zur zusätzlichen Minderung der Schleifwirkung etwas Flüssigseife gemischt wurde. Die Finger sollten in einem 90°-Winkel zur Bewegungsrichtung gehalten werden, um das Entstehen von Riefen zu verhindern. Die Oberflächen werden anschließend gründlich gereinigt, damit wirklich jeglicher Schleifstaub entfernt wurde. Der Rahmen ist nun bereit für die Decklackierung.

Wachs aus der Sprühdose an, das nach der Rahmenlackierung aufgesprüht wird.

NOCHMALS GRUNDIEREN

Der letzte Grundierungsdurchgang kann mit einer Standardgrundierung erfolgen, am besten wieder mit mehr als einer Schicht. Danach wird wieder mit Nassschleifpapier, diesmal in 800er Körnung geschliffen und anschließend gründlich gereinigt. Das Abwischen mit einem Staubbindetuch entfernt auch die letzten Staubpartikel und hinterlässt eine Oberfläche, die für die Decklackierung fertig präpariert ist.

DECKLACKIERUNG

Beim Lackieren kommt es wieder auf den richtigen Abstand zum Objekt an. Ist der Abstand zwischen Pistole und Metall zu groß, erscheint die Oberfläche trocken und matt. Achten sie auf den richtigen Abstand bei Bögen und Ecken, ansonsten besteht die Gefahr, dass zu viel Farbe aufgetragen wird und Läufer entstehen. Für die praktische Erfahrung gibt es auch beim Lackieren keinen Ersatz.

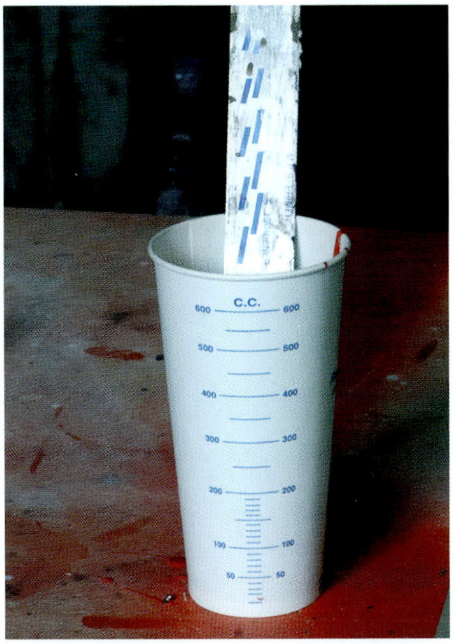

Ein Messbecher und ein spezieller Messstab sind erforderlich, wenn der Glanzlack für die Decklackierung angemischt wird. Anhand der Markierungen lässt sich das korrekte Mischungsverhältnis einfach ablesen. Zur Not wird man mit einem guten Auge, einem sauberen Einmachglas und einem sorgfältig entfetteten Stahllineal fast das gleiche Ergebnis erzielen.

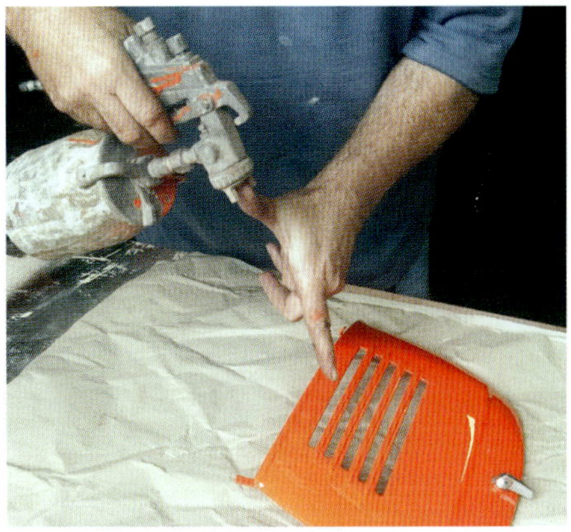

Der Abstand der Spritzpistole ist nun besonders wichtig, eine Handspanne ist in etwa das richtige Maß. Die Farboberfläche sollte immer feucht bleiben, aber bei zu viel Farbauftrag steigt die Gefahr, dass sich Läufer bilden.

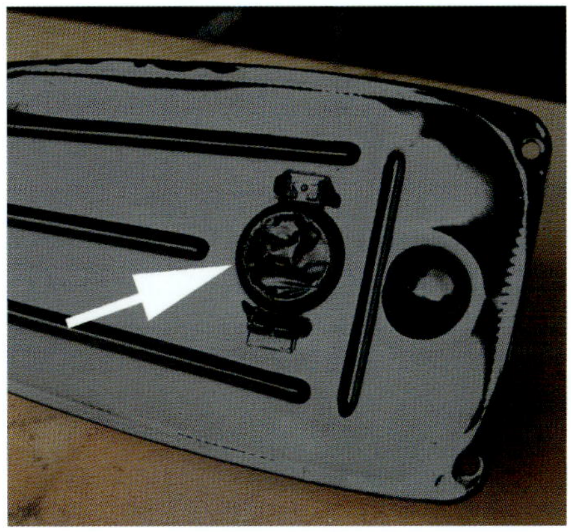

Vor dem Lackieren des Benzintanks müssen der Tankeinfüllstutzen – und die Benzinhahnöffnung, falls auch die Tankunterseite lackiert wird – sorgfältig mit Klebeband abgedeckt werden. Andernfalls besteht die Gefahr, dass Farbreste ins Kraftstoffsystem gelangen, wenn der Roller wieder gefahren wird.

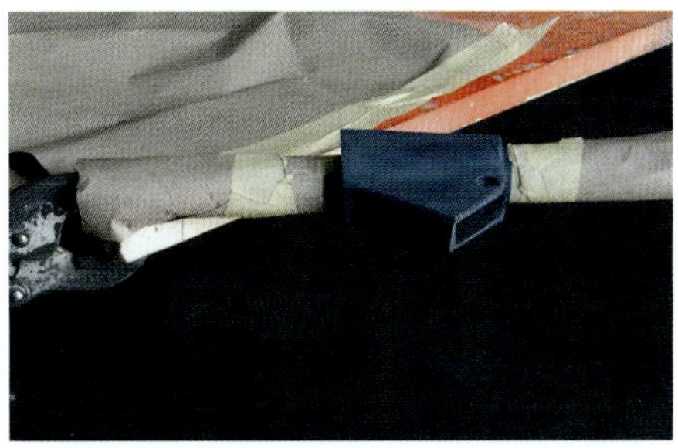

Was keine Farbe abbekommen darf, wird sauber abgeklebt, etwa das Schaltrohr links und rechts vom drehbaren Hebelhalter.

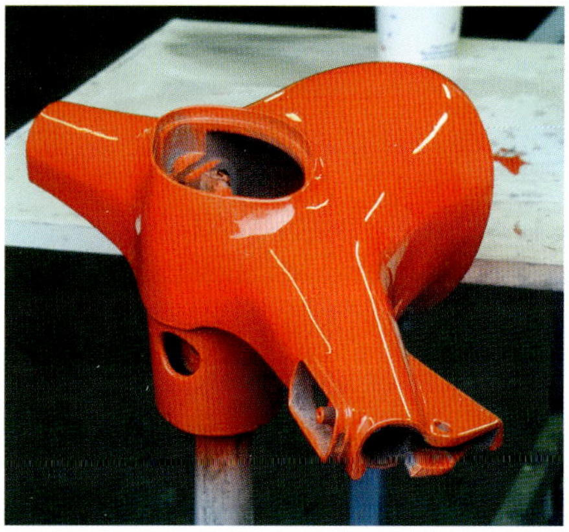

Der Lenker lässt sich zum Lackieren auf einen alten Besenstiel stecken. Befestigen Sie ihn gut, da er sich sonst durch den Luftdruck beim Spritzen drehen oder gar herunterfallen kann.

Den allerletzten Schliff verpassen wir dem Lack am besten mit einer Poliermaschine. Dabei wird das Poliermittel jeweils nur auf einen kleinen Bereich gegeben und der dann mit Gefühl aufpoliert. Der Polierkopf sollte nicht trocken und nicht unregelmäßig laufen, da ansonsten Brandstellen auf dem Lack entstehen können.

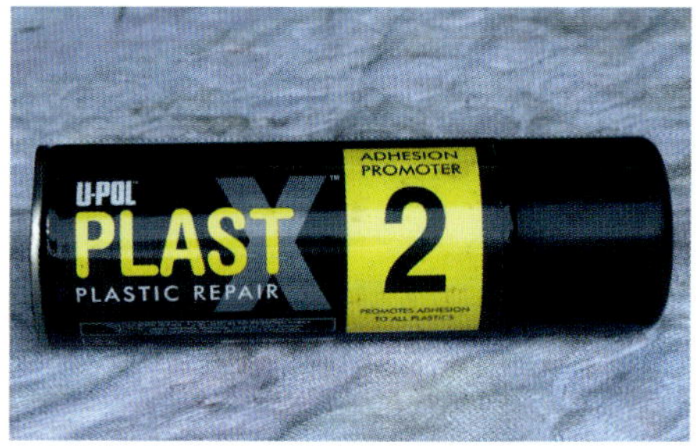

Grundierungen eigens für Kunststoffteile gibt es in der Sprühdose. Ohne sie wird jede Lackierung sehr schnell wieder abblättern.

DER LETZTE SCHLIFF

Nachdem die Lackoberfläche einige Tage getrocknet ist, wird sie eingehend untersucht. Sie wird vielleicht etwas abgestumpft sein und es können auch einige Staubkörnchen im Lack eingeschlossen sein. Mit Nassschleifpapier in 1500er Körnung wird die Oberfläche behutsam gleichmäßig matt geschliffen. Dabei sollte reichlich Wasser zugeführt werden, das mit etwas Flüssigseife vermischt ist, um die abrasive Wirkung des Schleifpapiers herabzusetzen. Anschließend wird etwas Schleifpaste auf einen kleinen Bereich aufgetragen und die Stelle poliert, am besten mit einer geliehenen oder gemieteten Poliermaschine.

Das Polieren per Hand ist auch möglich, aber eine langweilige Quälerei, die für ordentlich Muskelkater sorgt. Schleifen Sie nicht in Ecken oder Stellen, die mit der Maschine nicht erreichbar sind, sondern polieren Sie diese Bereiche gleich per Hand. Sobald der Glanz wieder zurückgekehrt ist, wird mit einer hochwertigen Politur und weichen Tüchern nachpoliert.

KUNSTSTOFF LACKIEREN

Das betrifft nur die Kaskaden der 50 Special-Modelle. Frisch ausgepackte Kunststoffteile haben einen schmierigen Überzug, der mit Silikonentferner abgewaschen werden muss. Verwenden Sie dazu Papiertücher und wechseln Sie diese öfters. Vor dem Grundieren kann ein Haftvermittler aus der Sprühdose aufgetragen werden. Sprechen Sie mit Ihrem Farbenhändler, mit welchen Farben Sie arbeiten wollen und lesen Sie die Hinweise auf den Behältern der gewählten Produkte genau durch, da sie voneinander abweichen können.

Vespateile für Blechroller Smallframe & Largeframe
Smallframe V50 & PV & PK - Largeframe PX & Cosa & Sprint
Werkzeug, Rostschutz und Lack
KS-Tools - FluidFilm - 3M - FAG - Würth

Der Vespa Online-Shop mit
- persönlicher Beratung
- großer Auswahl
- fairen Preisen

ROLLER-AUS-BLECH

www.roller-aus-blech.de

Kapitel 6

Aufbau- und Zierteile

TRITTLEISTEN

Trittleisten werden im Satz geliefert, und je nach Hersteller schwanken Preise und Qualität. Werkseitig waren diese Leisten festgenietet, und für eine originalgetreue Restaurierung sollten sie auch wieder vernietet werden. Dazu gibt es im Zubehörhandel sogar eine spezielle Nietzange. Beim traditionellen Vernieten mit einem Döpper muss nämlich der Hammer kraftvoll (zu) nahe an den frisch lackierten Oberflächen geschwungen werden, um an den Nietschaftenden den erforderlichen Kopf zu formen.

Anstelle der zu verhämmernden Nieten könnten Blindnieten verwendet werden, die aber von oben durchgesteckt werden müssen, damit sich später noch die Gummieinlagen durchschieben lassen. Allerdings sind die Aluminiumleisten an den Smallframe-Modellen sehr schmal, daher sollten Sie ausprobieren, ob der Kopf der Nietzange richtig aufsitzen kann, ohne dabei an den Leisten anzustehen.

Andere Befestigungsmöglichkeiten werden auf den folgenden Bildern gezeigt. Bei den frühen 50N-Rollern bestehen die Trittleisten lediglich aus Gummi ohne äußere Aluminiumleiste. Sie haben an der Unterseite hervorstehende Nasen, die zum Befestigen durch Öffnungen in der Bodenplatte gesteckt werden. Die Enden werden jeweils mit Nieten fixiert.

Der Durchstieg ist entweder mit zwei Trittleisten versehen oder mit einer Gummimatte abgedeckt, die wiederum mittels zweier seitlicher Leisten fixiert ist. Die können mit kleinen Blechschrauben aus Edelstahl oder mit Blindnieten befestigt werden. Die Gummieinlagen der Trittleisten werden normalerweise als Meterware geliefert. Messen Sie der Reihe nach jede Leiste, kalkulieren Sie etwas Zugabe für die Endstücke ein und schneiden Sie die Stücke mit einem scharfen Teppichmesser und einer minimalen Überlänge ab. Das zusätzliche Material lässt sich leicht zusammendrücken und egalisiert späteres Schrumpfen, das unausweichlich auftreten wird, wenn der Roller wieder draußen bewegt wird.

Die Kanten der Gummieinlage können mit etwas Silikon geschmiert werden, um das Einschieben in die Trittleiste zu erleichtern. Nachdem der Gummi an Ort und Stelle sitzt, werden die Trittleistenendstücke aufgeschoben und festgeschraubt. Es ist möglich, dass sich der Gummi beim Eintritt in das Endstück etwas ausbeult. Falls das zu unansehnlich ist, schneiden Sie die Oberseite des Gummis mit dem Messer etwas ab. Ohne das überschüssige Material wird der Wulst verschwunden sein. Bei manchen Modellen waren die Trittbretter mit Bodenmatten aus Gummi ausgelegt, die als Repro-Teile (in Schwarz und Grau) problemlos erhältlich sind.

Steht eine Neulackierung des Rollers an, werden die alten Nieten der Trittleisten am Unterboden einfach abgeschliffen. Andernfalls werden die Gummieinlagen aus den Leisten gezogen und die Nietköpfe von oben abgebohrt.

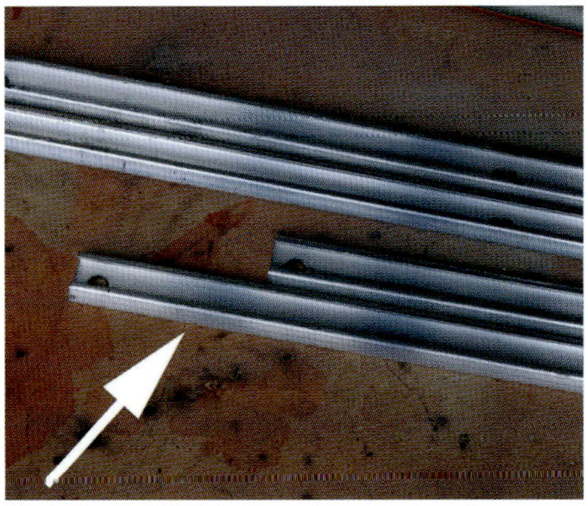

Die Qualität von Repro-Teilen kann ein Problem sein. Dieser Trittleistensatz aus europäischer Produktion beinhaltete eine Leiste in Überlänge. Sie musste abgesägt und neu gebohrt werden. Kein Riesenproblem, aber doch ärgerlich.

Ein provisorisches Auflegen der Trittleisten – vor dem Neulackieren! – offenbart, dass ihre Krümmung nur eine ungefähre Ähnlichkeit mit der Kontur des Beinschilds hat.

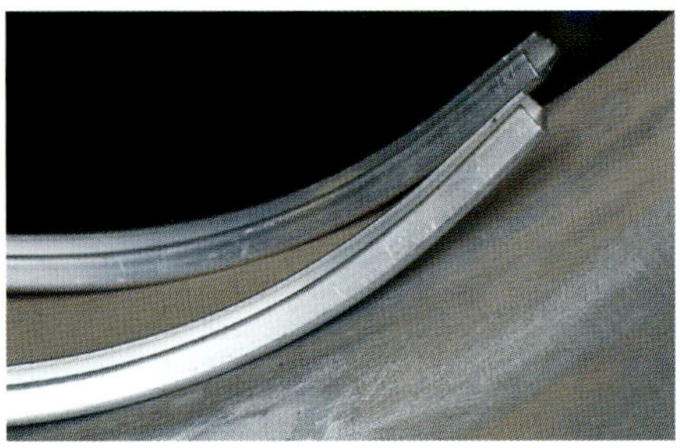

Die langen geraden Abschnitte sind einfach zu richten, die gekrümmten Ausläufer weniger. Markieren Sie mit einem Filzstift die Stelle, ab der die Krümmung nachgerichtet werden muss. Dann biegen Sie langsam und gefühlvoll mit der Hand nach und legen die Leiste immer wieder zum Vergleich auf das Beinschild. Die Form muss nicht absolut genau übereinstimmen, geringe Abweichungen werden beim Befestigen der Trittleisten am Bodenblech ausgeglichen.

Falls die Bohrungen in den Endstücken mit Gussrückständen verschlossen sind (was oft der Fall ist), müssen sie davon befreit werden. Die Trittleisten werden mit kurzen und langen Blindnieten zur Befestigung geliefert, wobei die letzteren für die Endstücke gebraucht werden. Wenn nicht unbedingt der Werksauslieferungszustand wieder hergestellt werden soll, gibt es einfachere Möglichkeiten, die Trittleisten zu befestigen.

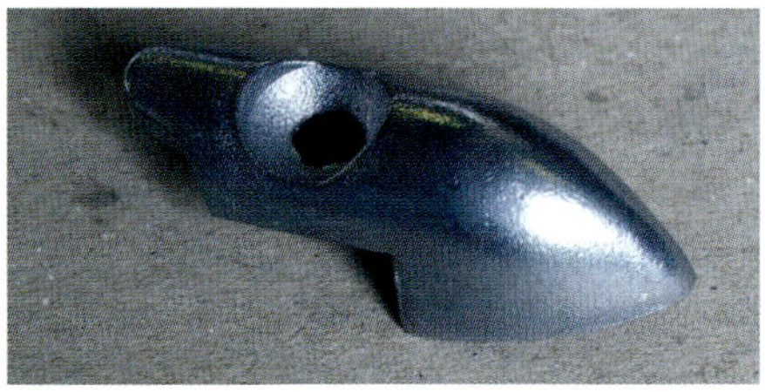

Viele Rollerläden verkaufen Schraubensätze mit Senkkopfschrauben der Größe M4 zur Befestigung der Trittleisten. Sie gehen in Ordnung, aber 3,5-mm-Schrauben (SW 5,5 für die Muttern) wären eine weitere Option. Allerdings sitzen ihre Köpfe etwas tiefer in den Endkappen, was nicht ganz optimal aussieht.

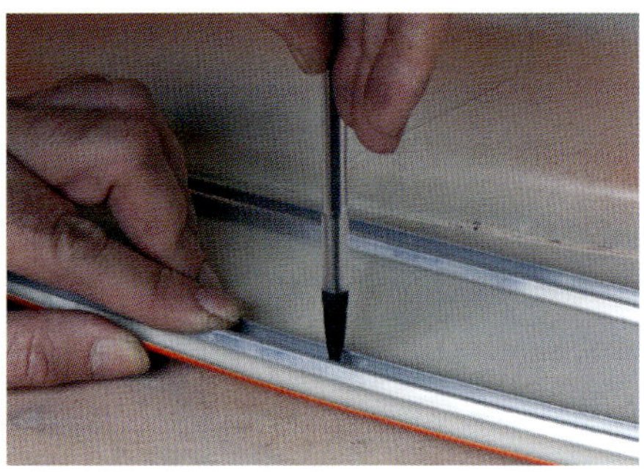

Wenn das Bodenblech erneuert wurde, kann nach dem endgültigen Festlegen der Trittleistenpositionen die Lage der Befestigungsbohrungen angezeichnet werden. Ist der alte Boden noch vorhanden, können Sie wenn möglich die Leisten mit den vorhandenen Bohrungen ausrichten.

Die Bohrungsgröße richtet sich nach der gewählten Befestigungsweise. Diese Arbeiten sollten vor dem Lackieren erledigt werden, um die Gefahr von Kratzern in der neuen Oberfläche zu minimieren.

Wenn Sie Ihre eigenen Befestigungsmittel wählen, so wie die gezeigte Schlitzschraube, nehmen Sie solche mit möglichst flachem Kopf. Das vereinfacht die Montage der Einlagegummis.

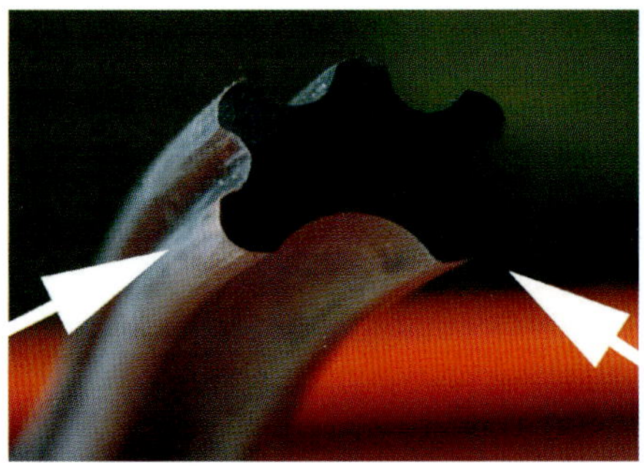

Die Gummieinlagen haben drei Rippen auf der Oberseite und zwei seitliche zur Führung in den Aluminiumleisten. Beim Einschieben dort kann der Gummi etwas widerspenstig sein, besonders an den gekrümmten Stellen. Mit einem Schraubendreher können die Rippen vorsichtig in die Führung gedrückt werden, falls der Gummi nicht wie vorgesehen weiterrutschen will. Arbeiten Sie langsam, um nichts zu beschädigen.

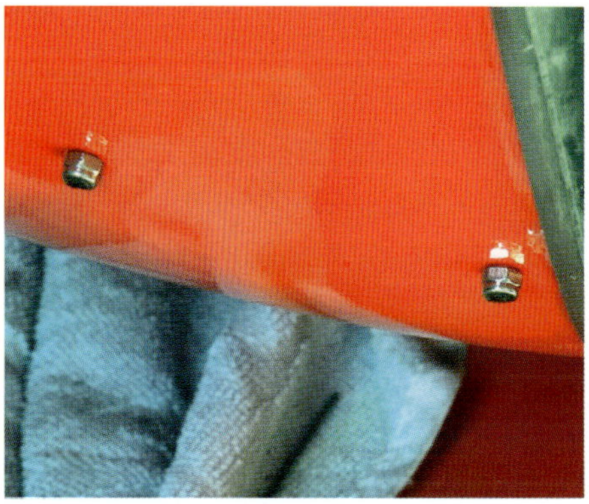

Der Hauptvorteil der 3,5-mm-Verschraubungen liegt darin, dass die an der Vorderseite des Beinschilds sichtbaren Muttern kleiner und etwas unauffälliger sind. Alternativ können an diesen Stellen auch die originalen Nieten eingesetzt werden, während der Rest verschraubt wird.

Die Endkappen auf dem Mitteltunnel können mit Blechschrauben aus Edelstahl befestigt werden; eine schnelle und optisch akzeptable Lösung.

BEINSCHILD-SCHLITZROHR

Die originale Zierleiste an den Rollern der V-Baureihe war ein einteiliges Schlitzrohr mit einer matten, korrosionsbeständigen Beschichtung. Sein Austausch erfordert ein spezielles Bördelwerkzeug, das in den Bildern unten gezeigt wird. Eigentlich ist die Handhabung recht einfach: Es wird in der Mitte angesetzt, mit den Hebeln angepresst und nach unten durchgezogen. Aber in der Praxis funktioniert das nicht immer so glatt.

Falls es sich weigert, wie vorgesehen abzurollen, bördeln Sie mit dem Werkzeug die Rückseite der Zierleiste in kleinen Schritten um, nehmen es ab und setzen es gleich daneben wieder neu an. Am Ende des Durchgangs wird die Innenseite des Schlitzrohrs sehr wellig aussehen. Jetzt wenden Sie das Werkzeug erneut an und es wird sich jetzt wahrscheinlich so bewegen lassen, wie es der Hersteller ursprünglich vorgesehen hatte. Rollen Sie es über die gesamte Kante und begutachten Sie das Resultat. Es kann sein, dass Sie den Vorgang nochmal wiederholen müssen, um eine akzeptable Oberfläche zu erhalten.

Eine gängige Alternative zum originalen einteiligen Schlitzrohr ist die zweiteilige, verschraubte Variante, die häufig als Cuppini bezeichnet wird, unabhängig vom tatsächlichen Hersteller. Die Befestigung erfolgt hier schnell und einfach über Madenschrauben. Es gibt auch Doppelschlitzrohre in Chromausführung. Für welche Ausführung Sie sich auch entscheiden – es ist immer den Aufwand wert, vor dem Montieren etwas Rostschutz auf die Innenseite des Schlitzrohres aufzutragen, da

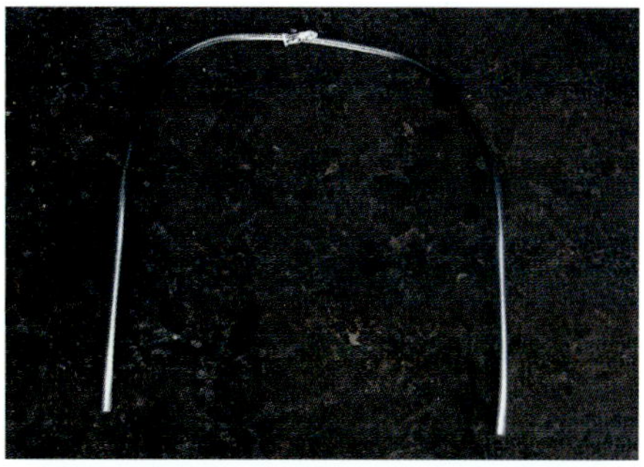

Das originale Schlitzrohr für das Beinschild wird einteilig geliefert und erfordert zur Montage ein Bördelwerkzeug, um es an Ort und Stelle zu verpressen. Durch seine Größe ist das Schlitzrohr etwas schwierig zu händeln und auch recht empfindlich. Achten Sie daher bei der Lieferung per Post darauf, dass es gut verpackt ist.

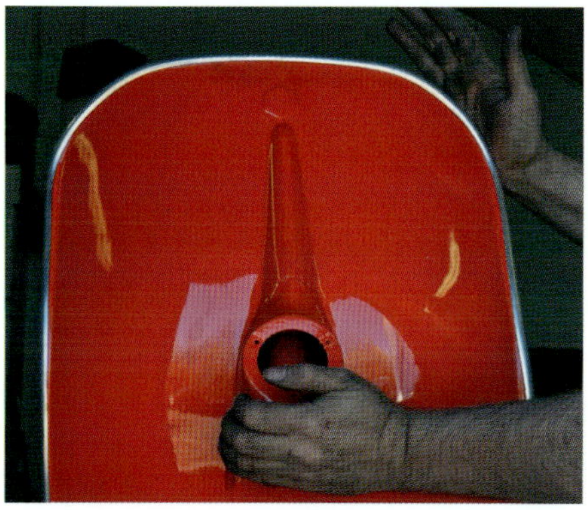

Die Montage beginnt damit, dass sie das Schlitzrohr auf die Kante des Beinschilds legen und es mit dem Handballen vorsichtig in seinen Sitz schlagen.

Die montierten neuen Trittleisten werten den Roller optisch auf und lassen durch den Kontrast die neue Lackierung besser zur Geltung kommen.

Das Bördelwerkzeug ist relativ teuer. Falls Sie nicht vorhaben, weitere Vespa-Restaurierungen durchzuführen, sollten Sie es sich lieber ausleihen – wenn möglich. Zum Bördeln werden die beiden Griffe (weiße Pfeile) zusammengedrückt. Dadurch wird die weiße Rolle gegen das schwarze Gegenstück (gelbe Pfeile) gedrückt. Während die schwarze Rolle die äußere Kontur des Schlitzrohrs bewahrt, legt die weiße die Innenseite des Schlitzrohres um den Blechrand des Beinschilds.

Bevor das Werkzeug angesetzt wird, muss sichergestellt sein, dass das Schlitzrohr überall richtig sitzt. Sichern Sie es mit Klebeband, damit es während des Bördelns nicht verrutschen kann.

Die Anwendung ist im Grunde simpel: Das Werkzeug wird mit aufeinander gepressten Rollen um das Beinschild gezogen.

es dort gern rostet. Außerdem gibt es flexible Schlitzrohre aus Kunststoff in Chromoptik und in Schwarz, die mit der Hand aufgeschlagen werden können. Gleiches und viele weitere Farben sind auch in weichem Kunststoff erhältlich und werden zur Montage einfach auf die Lippe des Beinschilds gedrückt.

Unabhängig davon, welche Zierleiste letztendlich gewählt wird – achten Sie auf den Übergang zu den Trittleisten. Das originale Schlitzrohr wird beispielsweise zuerst montiert, und das untere Ende liegt unter der äußeren Trittleiste. Das Endstück hat normalerweise Aussparungen und lässt sich über den verlegten Leisten festschrauben. Wieder unterscheidet sich hier das einfache 50N-Modell von den anderen Rollern: Es wurde ohne das Schlitzrohr am Beinschild ausgeliefert.

KOTFLÜGELNASEN

Die höherwertigen Modelle wurden mit einer matten Aluminiumnase auf dem Kotflügel ausgeliefert. Befestigt sind sie mit angegossenen Stiften, die durchs Blech gesteckt von unten mit Klammern gesichert sind. Ersatz ist in großer Auswahl erhältlich, angefangen von der Standardversion bis hin zu individuellen Ausführungen. Reproduktionen glänzen in der Regel etwas mehr als die eher matten Originalteile. Vor der Bestellung sollte der Abstand zwischen den Befestigungsstiften gemessen werden, da es zwischen den verschiedenen Modellen Unterschiede gibt.

HAUPTSTÄNDER

Ersatzständer sind praktisch für alle Modelle erhältlich. Bis 1972 betrug der Rohrdurchmesser 16 mm, danach wurde er auf 20 mm vergrößert. Beide Versionen sind in Schwarz, metallisch blank oder verchromt lieferbar, erforderlichenfalls auch in verstärkter Ausführung. Die verchromte Variante mag vielleicht gut aussehen, jedoch kann die Qualität des Chroms äußerst schlecht sein.

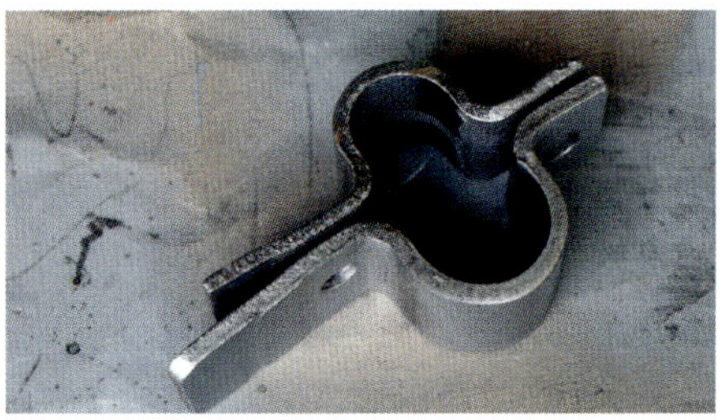

Hauptständer können rosten, sich verbiegen oder in den Drehpunkten ausschlagen; austauschen ist daher oft die einfachste und beste Lösung. Sie sind in den Durchmessern 16 und 20 mm erhältlich, daher sollte vor dem Bestellen die Größe von Montageplatten und Ständerfüßen bestimmt werden.

Neue Montageplatten sind problemlos erhältlich. Falls aber die alten wiederverwendet werden können, sollten sie aufbewahrt werden. Die im Bild gezeigten Platten wurden gemeinsam mit einem neuen Ständer geliefert, aber sie waren verzogen und die Befestigungslöcher falsch gebohrt. Der gelieferte Ersatz war geringfügig besser, erforderte aber noch die Umarbeitung der Bohrungen zu Langlöchern, da der Ständer sonst nicht passte.

Sollen die alten Montageplatten wiederverwendet werden, prüfen Sie die Auflageflächen des Ständers auf der Innenseite auf Verschleiß. Wenn sie in Ordnung sind, werden sie mit einer Drahtbürste und einer Lackierung mit Felgensilber für den Wiedereinbau vorbereitet. Beim Montieren sollten Sie die Drehstellen großzügig mit zähem, wasserbeständigem Fett schmieren.

Die Hauptständerfedern ermüden im Laufe der Zeit; Ersatzfedern samt Halteplatten sind recht preiswert. Bei der althergebrachten Methode wird die Feder mit einer daran befestigten kräftigen Schnur zur Halteplatte gezogen. Bei der sichereren Alternative wird der flache Abschnitt der Feder mit einer Gripzange gepackt und daran gezogen. Die Halteplatte wird in einen Schlitz am Rahmen gesteckt, dann die Feder zurückgezogen und dort eingehängt.

Neue Ständerfüße sind nicht teuer und werden mit ein paar Schlägen mit dem Kunststoffhammer auf das Rohr geklopft. Sollten sie zu stramm sitzen, werden sie vorsichtig mit einer Heißluftpistole angewärmt oder für eine Minute in heißes Wasser eingelegt, um sie geschmeidiger zu machen.

SCHRIFTZÜGE UND EMBLEME

Beinschildembleme werden nicht nur in vielen verschiedenen Formen geliefert, sondern – noch wichtiger – auch mit unterschiedlich großen und in unterschiedlichen Abständen angegossenen Befestigungsstiften. Also vor dem Bestellen genau nachsehen und -messen. Einst wurden die Embleme durch das Vernieten des Stiftendes befestigt. Einige Repro-Teile werden auf die gleiche Weise befestigt, andere mit runden Klammern. Zum Vernieten der Embleme kann das gleiche Werkzeug wie das für die Trittleisten verwendet werden. Allerding ist es schwierig, sie damit richtig fest zu bekommen. Daher sorgt ein vor dem Montieren auf die Rückseite aufgetragener kleiner Tropfen Industriekleber oder Vergleichbares für zusätzliche Festigkeit. Die Kaskaden-Embleme in Sechseck- oder Wappenform sind ebenfalls geklebt. Selbstklebende Ausführungen sind in der Regel dünner als die Originale.

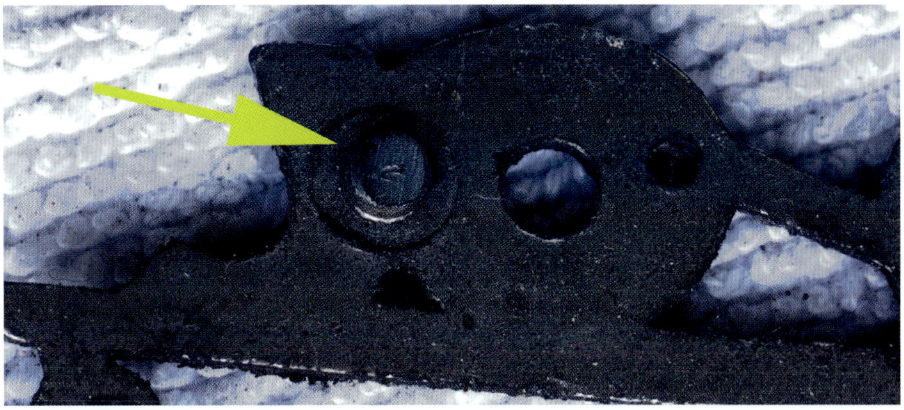

Beinschildschriftzüge sind entweder über feste Stifte, wie abgebildet, oder mit zusätzlichen Nieten befestigt. In beiden Fällen ist ein Vernieten des Stiftendes erforderlich, wenn der Originalzustand hergestellt werden soll. Das bedeutet, dass bei einem späteren Ausbau der Kopf wieder abgeschliffen werden muss (Pfeil).

Für die Smallframe-Modelle ist nahezu jede Emblemversion erhältlich …

Spätere Ausführungen sind ebenfalls mit Stiften versehen, auf die zur Sicherung kleine Metallklammern geschoben werden. Sie können zur Demontage mit einem Schraubendreher abgehebelt werden.

Selbstklebende Schriftzüge mit alter Schrift gibt es in zwei Größen, wobei die kleinere der beiden am besten an die Smallframe-Modelle passt.

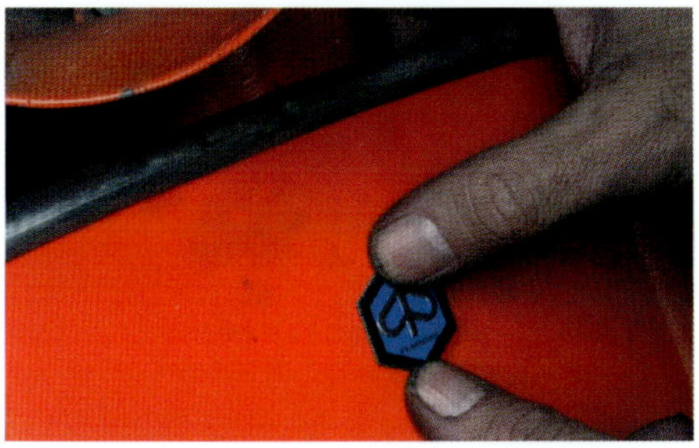

… inklusive selbstklebender Ausführungen, die sich sehr einfach anbringen lassen: Schutzfolie auf der Rückseite abziehen, Emblem ausrichten und andrücken.

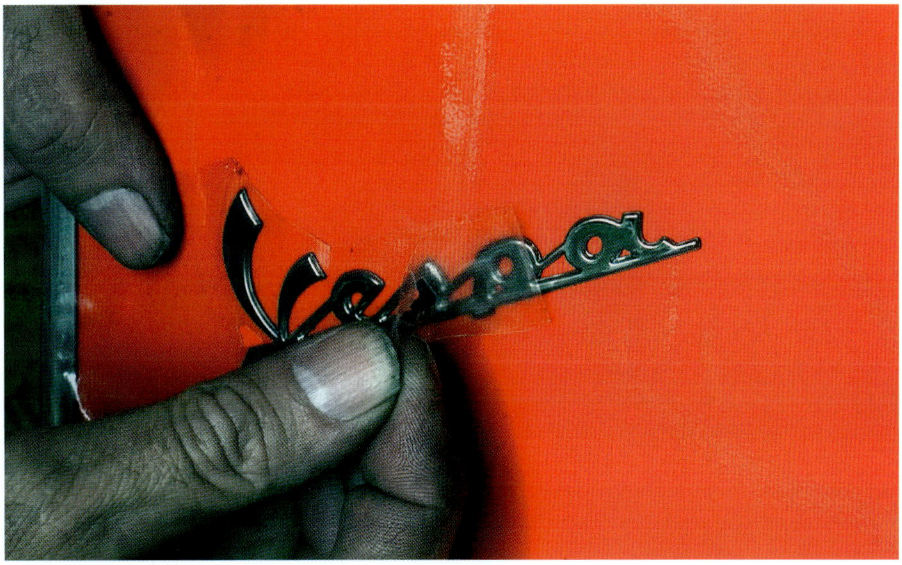

Die Schutzfolie auf der Rückseite wird einfach abgezogen, der Schriftzug ausgerichtet und angedrückt. Mit einem Lappen wird leicht über die Oberfläche gerieben, damit der Schriftzug überall gut festsitzt und dann wie gezeigt die obere Schutzfolie abgezogen.

TACHOMETER

In etlichen Ländern wurden die Smallframe-Modelle mit 50 cm^3 ohne Tachometer angeboten. Falls im Lenker eine Aufnahme dafür vorhanden war (nicht bei allen Modellen), verschloss ein Gummideckel die Öffnung. Neue Abdeckungen sind in runden wie eckigen Ausführungen erhältlich. Die Mehrzahl der mit Tachometern ausgerüsteten Roller hatte die kleine runde Version. Eckige Ausführungen findet man an den 50 Specials ab 1969; sie passten besser zu deren rechteckigen Scheinwerfern. Die Primavera hingegen hatte einen ovalen Tacho.

Lässt sich das Originalteil nicht mehr instandsetzen, kann Ersatz beschafft werden (was ein glücklicher Umstand ist, denn die Tachos waren nicht sehr zuverlässig und verfärbten sich schnell). Ersatzteile für die Reparatur sind selten, und eine professionelle Aufarbeitung rechnet sich meist nicht. Zwar werden Zifferblätter, Gläser und Chromringe für einige Modelle angeboten, aber sie können schon mal mehr als ein komplettes Neuteil kosten. Die Preise für überholte Instrumente schwanken wie üblich mit der Qualität und der Skalaversion des Tachometers.

Die Befestigung erfolgt stets auf die gleiche Weise – mit einer Metallhalterung und einer Gummidichtung unter dem Tachometer, um das Eindringen von Wasser zu verhindern. In Spanien produzierte Smallframe-Modelle haben einen muschelförmigen Tacho; er entspricht der in den Largeframe-Sprint-Modellen eingebauten Ausführung, ist aber etwas dürftiger ausgefallen. Hier passen die für die Sprint angebotenen Gläser und Chromringe.

KASKADE

Die Kaskade der späten 50 Specials war aus Kunststoffspritzguss hergestellt und mit Schrauben am Rahmen befestigt. Zwar lässt sich Kunststoff gut reparieren, aber nach einigen Jahren ist er meist versprödet. Ersatzteile sind jedoch nicht allzu teuer. Manche finden die Form des Originalteils hässlich, daher ist es möglich, eine „Retro"-Kunststoffversion zu erstehen, die an das Beinschild geklebt wird. Als Alternative könnte noch die Metallausführung wie auf Seite 80 gezeigt angeschweißt werden.

GUMMITEILE

Praktisch alle für eine Restaurierung erforderlichen Gummiteile sind einzeln oder im Set erhältlich. Handgriffe gibt es in originaler Ausführung oder in einer Vielzahl von Farben. Die Griffe der meisten Smallframe-Modelle hatten einen Durchmesser von 24 mm und waren 125 mm lang, bei einigen frühen 50er Rollern sind sie 5 mm kürzer. Die Materialpalette der Ersatz-Handgriffe reicht von halbflexiblem Vinyl bis zu äußerst weichem dünnem Gummi. Das Aufschieben der letzten Variante erfordert etwas Schmiermittel wie eine Lösung mit etwas Geschirrspülmittel auf der Griffinnenseite, denn sie neigen zum Feststecken und sind zu weich, um sie über das Ende aufschlagen zu können, ohne dass sie aufplatzen. Ein weiterer Trick: Legen Sie die Griffe vor dem Aufschieben in heißes Wasser. Die Hitze macht das Gummi geschmeidiger. Handgriffe aus härterem Material können mit einem Kunststoffhammer aufgeschlagen werden.

Dünne Handgriffe müssen vorsichtig aufgeschoben werden. Beim Versuch, sie mit Gewalt aufs Rohr zu schieben, können sie aufplatzen.

Gummiteile, wie zum Beispiel diese Hupenunterlage, sind auch in ausgefallenen Farben erhältlich. Kontrastierende Farben, wie in diesem Fall Weiß und Orange, können attraktiv sein. Sinnvoll ist auch hier die Verwendung von rostfreien Edelstahlschrauben.

Der Bremspedalgummi dient nicht nur zur Dekoration, sondern auch zur Sicherheit. Bei der Montage wird zuerst das lange Ende des Pedals in den Gummi geschoben und dieser dann über das restliche Pedal gestülpt.

SITZE

Smallframe-Modelle können verschiedene Sitzmöglichkeiten haben: einen einzelnen Sattel kombiniert mit einem Gepäckträger, eine Doppelsitzbank oder einen sportlichen Einzelsitz mit einem Höcker als Abschluss, wie er bei den italienischen 50 Special vorhanden ist. Reproduktionen aller Ausführungen sind erhältlich und eine schnelle und einfache Abhilfe für einen vergammelten Sitz. Für die Reparatur von Sitzbänken mit Metallfedern gibt es Ersatzfedern. Das Hauptproblem ist allerdings, Ersatz für den Schaumstoff zu finden, da die originale Füllung aushärtet und mit der Zeit herausrieselt. Sollte der Schaumstoff weiter verwendet werden können, gibt es den erforderlichen Sitzbezug als Ersatzteil.

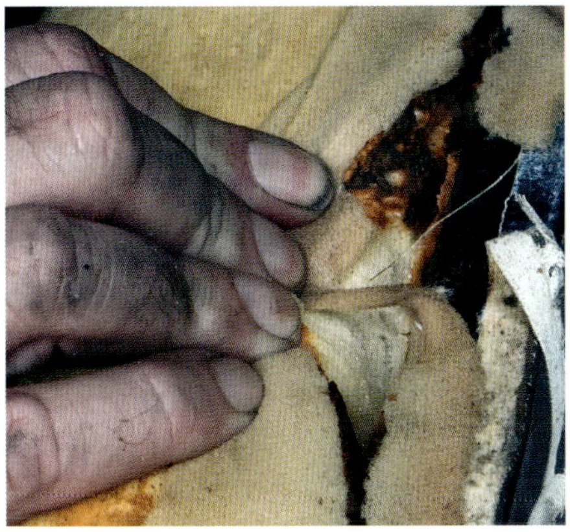

Der Schaumstoff des Sitzes zersetzt sich mit der Zeit. Wenn er noch in gutem Zustand ist und daher wiederverwendet werden soll, kann das Entfernen schwierig sein, wenn er mit der Auflage verklebt ist. Beachten Sie den Rost, der sich unter dem Schaumstoff gebildet hat.

Die Sicherungslasche kann etwas Nacharbeit erfordern, bis sie den Sitz auch tatsächlich sichert. Eine ärgerliche Sache ist, dass die angebotenen Sitzbankzapfen nicht alle gleich groß sind – obwohl sie es sein sollten. Die Kombination aus einer zu großen Sitzbankbohrung und einem zu kleinen Zapfen kann nervig sein und verlangt nach Abhilfe. Mit leicht gelösten vorderen Befestigungsschrauben wird die Sitzbank vor und zurück verschoben, bis sie am besten mit dem Zapfen ausgerichtet ist.

Neue Sitzgelegenheiten gibt es in vielen Ausführungen und zu ebenso vielen Preisen. Die allgemeine Qualität der meisten Angebote ist absolut in Ordnung.

Kapitel 7

Elektrische Anlage

EINLEITUNG

Die elektrische Anlage der Smallframe-Modelle ist recht einfach aufgebaut (mit der Tendenz zum Rustikalen), wurde allerdings im Lauf der Produktionsjahre immer wieder leicht abgeändert. Praktisch alle Modelle hatten eine ungeregelte 6-Volt-Anlage. Ausnahmen waren die 50 Special mit Elektrostarter, die zwei in Reihe geschaltete 6-Volt-Batterien hatte, und die V100 Sport mit einer 12-Volt-Batterie. Beide Roller sind recht selten.

KABELBAUM

Wenn eine Vollrestaurierung vorgenommen wird, sollte der Kabelbaum unbedingt erneuert werden. Das vorhandene Exemplar wird ziemlich sicher Auflösungserscheinungen zeigen, und die Fehlersuche an den größtenteils im Verborgenen liegenden Strippen ist nicht einfach. Sowohl neue Standardkabelbäume als auch Kabelbäume für Umrüstungen sind zu bezahlbaren Preisen erhältlich. Da sie sehr einfach aufgebaut sind, lassen sie sich auch problemlos in der heimischen Werkstatt anfertigen. Wenn Sie das in Angriff nehmen wollen, fragen Sie bei Ihrem örtlichen Auto-Elektriker nach Kabeln mit der richtigen Dimension und Farbe, nach Bouchierrohr und speziellem Gewebeband.

Falls Sie einen fertigen Kabelbaum kaufen, achten Sie darauf, dass der zum Scheinwerfer führende Nebenkabelbaum als getrennter Strang ausgeführt ist. Dadurch wird das Einziehen des Kabelbaums deutlich vereinfacht. Theoretisch ist sein Verlegen keine schwierige Arbeit; er wird am einfachsten mit einem Draht von hinten durch den Rahmen nach vorn gezogen. Praktisch wird er keine Gelegenheit auslassen, sich an jeder durch Verstärkungsbleche verursachten Querschnittsverengung festzuhalten. Eine Kombination aus Ziehen und leichtem Hin- und Herdrehen wird schließlich zum Erfolg führen. Steckt er jedoch völlig fest, zerren Sie nicht am Kabelbaum, sondern bewegen Sie ihn ein Stück zurück und starten Sie einen neuen Versuch.

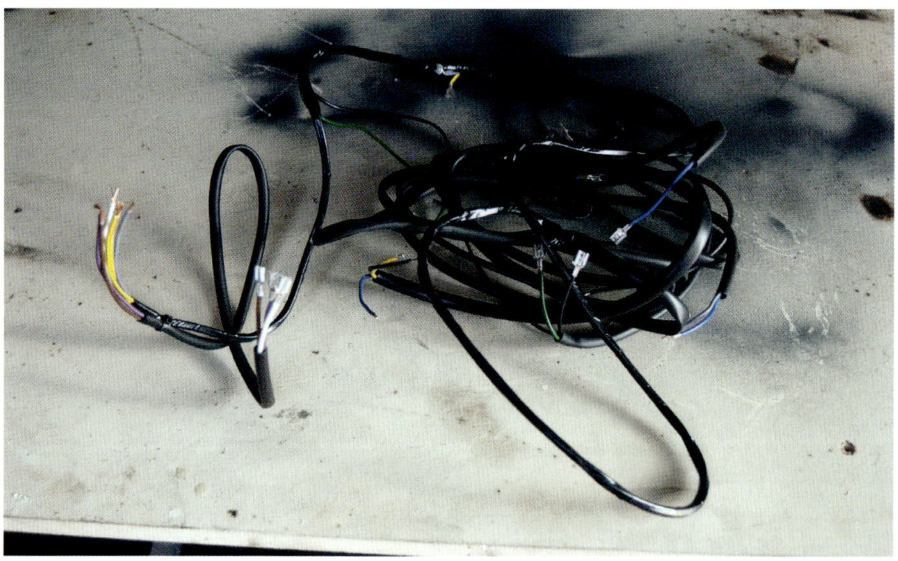

Ersatzkabelbäume sind in verschiedenen Ausführungen zu bezahlbaren Preisen erhältlich.

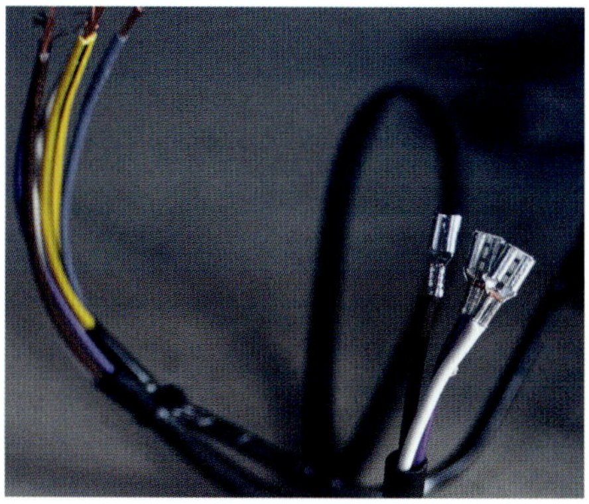

Bei qualitativ hochwertigen Ausführungen sind die Stecker an den erforderlichen Stellen bereits verpresst.

Das zum Lenkerkopf führende Kabelbaumende wird mit Klebeband umwickelt, damit es leichter durch den Rahmen rutscht. Mit etwas Fett flutscht es noch besser.

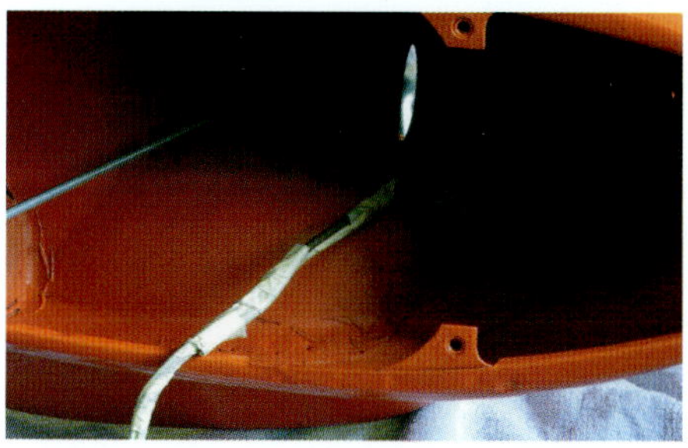

Führen Sie einen Draht von oben durch den Rahmen und befestigen Sie ihn an dem umwickelten Kabelbaumende. Anschließend ziehen Sie vorsichtig am Draht, während Sie gleichzeitig das in den Rahmen eintretende andere Ende nachschieben.

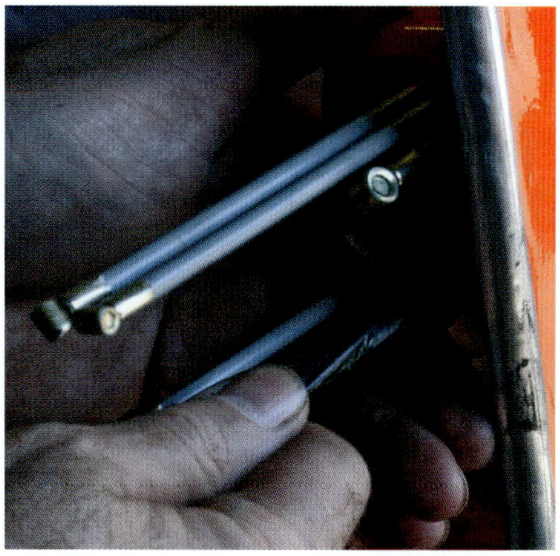

Sobald die Kabel am oberen Rahmenende austreten, können Sie das Klebeband entfernen und den restlichen Kabelbaum mit der Hand durchziehen.

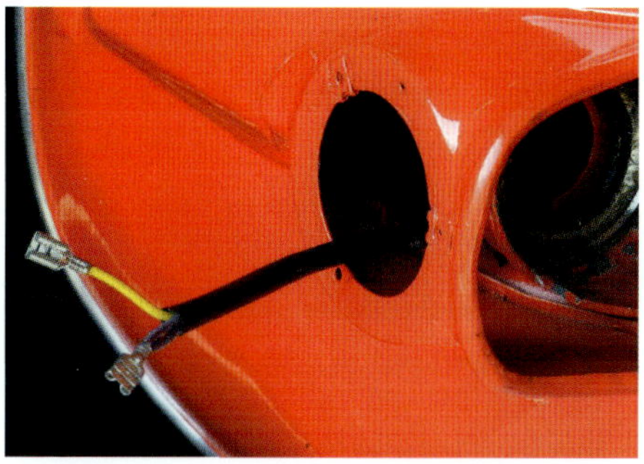

Die Anschlusskabel für die Hupe werden vor dem Einziehen des Kabelbaums mit etwas Klebeband am Kabelbaum befestigt. Durch die Kaskadenöffnung kann beim Einziehen beobachtet werden, wenn der Kabelstrang diese Stelle erreicht hat.

Mit den Anschlusskabeln für den Bremslichtschalter wird genauso verfahren, wobei sie eine deutlich kürzere Strecke zurücklegen müssen, bis sie ihren Einbauort erreichen.

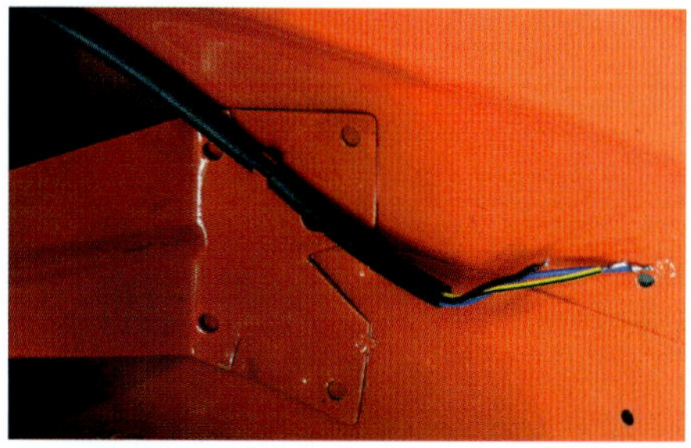

Die Kabel für das Rücklicht verlaufen durch ein kleines Loch am hinteren Rahmenende. Hier sollte auch eine umgeschlagene Blechlasche vorhanden sein, die den Kabelstrang fixiert und vom Hinterrad fernhält.

Zum Abdichten der Rücklichtkabel ist eine Gummitülle vorgesehen; sie sollte auch vorhanden und in gutem Zustand sein.

KABELVERBINDUNGEN

Kabelstecker werden am besten angelötet, weil so eine dauerhafte und gut leitende Verbindung hergestellt wird. Allerdings kann eine unsachgemäß ausgeführte Lötverbindung auch eine potenzielle Fehlerquelle sein. Daher bevorzugen viele Hobbyschrauber Quetschverbindungen. Manche Kabelbäume werden mit freien Kabelenden geliefert, und die Stecker werden erst nach der Verlegung aufgeschoben und verpresst. Ganz wichtig ist die Verwendung einer passenden Steckerquetschzange (Crimpzange). Kaufen Sie keine Billigware, schlechte Verpressungen bedeuten Kontaktschwierigkeiten und erschweren später die Fehlersuche erheblich. Schaltpläne können aus dem Internet heruntergeladen werden, und durch die verschiedenen Farben und nummerierten Schalteranschlüsse sollte das Anschließen einfach zu bewerkstelligen sein. Falls Sie einen neuen Kabelbaum gekauft und damit Schwierigkeiten haben, wird Ihnen der Händler sicher weiterhelfen können.

Die Schraubanschlüsse des Lenkerschalters sind durchnummeriert, was die Kabelzuordnung sehr vereinfacht.

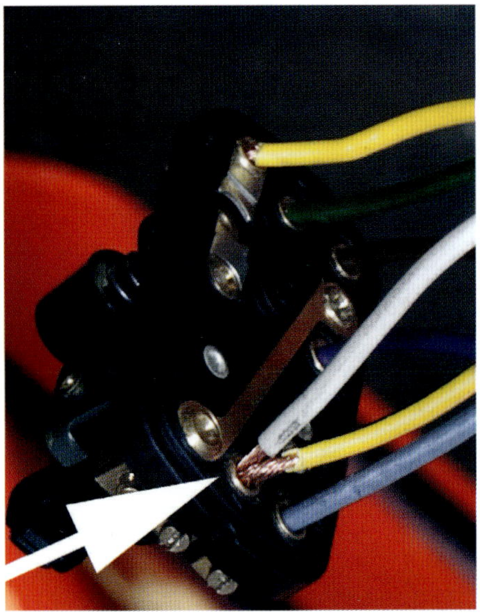

Je nach Modell kann es erforderlich sein, dass in einige Schalteranschlüsse zwei Kabel eingeführt werden müssen. Hier kann es ziemlich eng zugehen. Vor dem Befestigen des Schalters müssen blanke Kabelstellen gut isoliert werden.

SCHEINWERFER

Bei den Smallframe-Modellen kann das Scheinwerferglas vom Reflektor entfernt werden, indem die umlaufende Verklebung abgelöst wird. Beim Abheben des Glases muss mit größter Vorsicht vorgegangen werden, damit die Linse nicht durch seitliche Krafteinwirkung bricht. Ersatzgläser, Reflektoren und Glühlampenhalter sind für praktisch alle Modelle wieder aufgelegt worden, auch für die eckigen Ausführungen der späten 50 Specials. Darüber hinaus sind komplette einbaufertige Scheinwerfer erhältlich. Billige Ausführungen haben eine Kunststofflinse, die offenkundig weniger wetterbeständig als Glas ist. Ferner ist sie für einen 12V-Umbau mit seiner höheren Wärmeentwicklung nicht gut geeignet. Vor dem Bestellen von Ersatzteilen muss geklärt werden, welche Beleuchtungsanlage vorhanden ist, denn einige Smallframe-Modelle waren ab Werk nur mit Abblendlicht und ohne Fernlicht ausgestattet. Hier ist dann eine P26s-Glühlampe mit 15 Watt eingebaut, während Roller mit beiden Lichtern BA20d-Lampen mit meist 25W/25W Leistung haben.

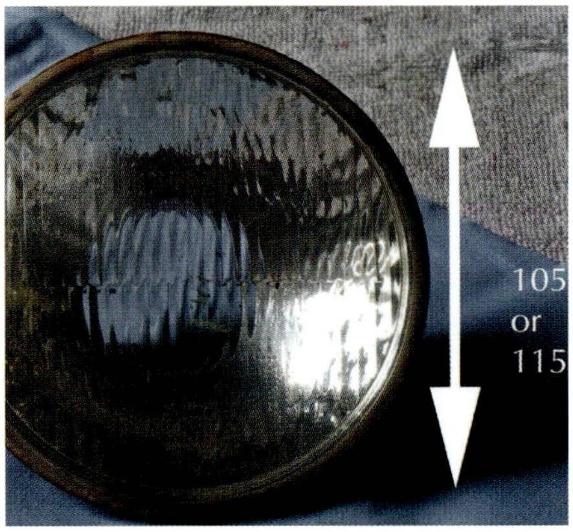

Die Scheinwerfer gibt es in zwei Größen, die mit 105 mm und 115 mm angegeben werden, obwohl die tatsächlichen Durchmesser etwas größer sind.

Die Beschichtung des Reflektors wird irgendwann blind und blättert ab, wenn das Blech darunter rostet. Neuteile können genauso problemlos beschafft werden …

… wie die Lampenfassungen. Die Qualität der Nachfertigungen schwankt; stellen Sie sich daher auf etwas Nacharbeit ein, bis die Kontaktzungen richtig auf den Kontakten der Glühlampe aufliegen.

Die Lampenfassung wird in die Rückseite des Reflektors geschoben und mittels zweier Klammern gesichert (Pfeile). Auch hier können Qualitätsprobleme auftreten und die Klammern nicht genügend Vorspannung zum Fixieren der Fassung aufbauen. Das lässt sich mit gefühlvollem Nachbiegen beheben; doch aufgepasst, die Klammern brechen leicht.

Die Scheinwerferlampe hat zur Sicherstellung der richtigen Einbaulage zwei seitliche, unterschiedlich große Nasen (Pfeil). Die Lampe wird durch Drehen in der Fassung verriegelt. Das Standlichtbirnchen hat zwei kleine Zapfen und wird ebenfalls durch Verdrehen im Halter fixiert.

RÜCKLICHT

Im Laufe der Produktion wurden diverse Rücklichtversionen verbaut. Sowohl komplette Rücklichter als auch Rücklichtgläser sind als Nachfertigungen erhältlich. Sie sind problemlos zwischen den Baujahren austauschbar, falls ein „klassischeres" Aussehen gewünscht wird. In vielen Ländern, in denen die Smallframe-Modelle mit 50 cm³ als Moped/Mokick zugelassen wurden, war ein Bremslicht nicht vorgeschrieben. Bei den heutigen Verkehrsverhältnissen ist jedoch der Umbau auf ein Bremslicht ein ernstzunehmender Sicherheitsaspekt.

Soll das originale Rücklicht wiederverwendet werden und das Rücklichtglas ist stumpf geworden, kann es mit feiner Polierpaste oder Zahnpasta wieder aufpoliert werden. Die meisten Rückleuchten sind mit Sofittenlampen bestückt: 6V/5W für das Rücklicht und 6V/10W für das Bremslicht, wobei die letztere auch die Größere der beiden ist. Späte Primaveras und ET3 mit PX-Leuchten haben schließlich Bajonettsockellampen des Typs BA15s mit der gleichen Wattzahl der Vorgängermodelle.

Smallframe-Modelle waren mit einer Vielzahl unterschiedlicher Rückleuchten versehen. Sie lassen sich ohne weiteres untereinander austauschen. Die abgebildete ältere Ausführung ist ein beliebtes Austauschobjekt für den Retro-Look.

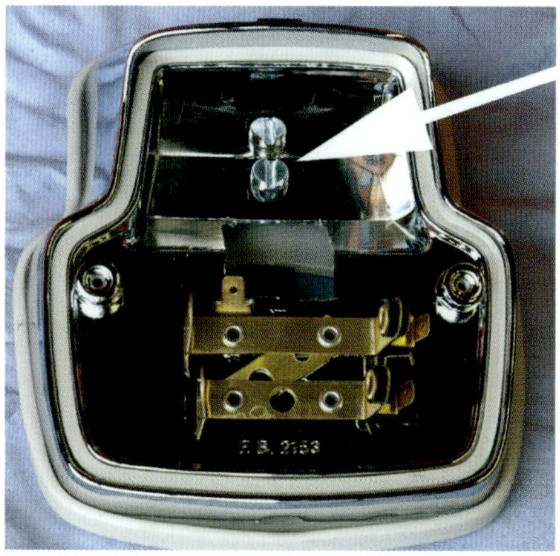

Die Rückleuchte wird mit einer einzelnen Schraube mit Mutter befestigt. Achten Sie darauf, dass die Gummiunterlage zwischen Rücklicht und Rahmen eingelegt ist. Unter Umständen ist die Verkabelung im Weg und muss daher etwas anders verlegt werden.

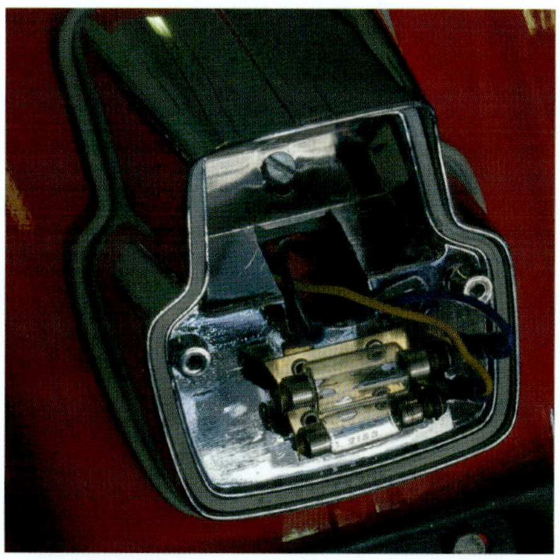

Die einfache Verdrahtung besteht aus einer Masseleitung und zwei Zuleitungen für die beiden Lampen. Die größere Sofittenlampe ist das Brems-, die kleinere das Rücklicht. Spätere Rückleuchten haben Kugelbirnen in Bajonettsockeln, ähnlich dem Standlicht im Scheinwerfer.

SCHALTEREINHEIT

Bei den meisten Rollern der V-Baureihe ist am rechten Lenker eine Schaltereinheit mit aufgepresstem Metallgehäuse vorhanden, wobei Funktion und Anordnung der einzelnen Schalter innerhalb der Einheit unterschiedlich ausfielen. Bei den späten 50 Specials war diese Einheit aus Kunststoff gefertigt, aber vom Aufbau identisch. Modelle mit Blinker haben ein rundes Schaltergehäuse aus Metall am linken Lenker, aus dem an der Unterseite ein Kunststoffhebel herausragt. Die Reparatur dieser Schalter ist nahezu unmöglich; daher ist Austausch die beste Lösung.

Standardschalter sind für alle Modelle lieferbar, ebenso überarbeitete Versionen für 12V-Umbauten.

Das verchromte Schaltergehäuse rastet zur Fixierung in diesen eingefrästen Nuten ein. Darüber wird auch der erforderliche Massekontakt für den Killschalter hergestellt. Deshalb kann es erforderlich sein, dass für seine Funktion etwas Farbe beseitigt werden muss. Das lässt sich am einfachsten überprüfen, wenn der Roller zusammengebaut ist und der Motor läuft.

HUPEN UND SCHNARREN

Für den Ersatz von defekten oder korrodierten Teilen sind Nachfertigungen erhältlich. Falls die originale 6-Volt-Hupe noch funktioniert, wird sie auch in einem 12 Volt-Umbau ihren Dienst schadlos verrichten, wenn sie nicht zu lange betätigt wird.

Die Qualität der angebotenen Hupen schwankt. Manche schick verchromte Ausführung kann sehr mangelhaft sein und schnell rosten.

ZÜNDGRUNDPLATTE

Alterung und Hitze sind die Erzfeinde der Zündgrundplatte, verursachen sie doch bröselige Kabelisolierungen und durchgebrannte Spulen. Achten Sie auf Verfärbungen an den Kupferwindungen und bewegen Sie sachte die Kabel, um festzustellen, wie stark sie versprödet sind. Eine Widerstandmessung ist auch möglich, wenn Sie mit einem Multimeter umgehen können, aber die dauerhafte Lösung ist der Austausch der kompletten Einheit.

Die Polradmagnete verlieren im Laufe der Zeit ihre Kraft, und es gibt nur sehr wenige Unternehmen, die in der Lage und dazu ausgerüstet sind, neu zu magnetisieren. Ein Anlass, den später noch besprochenen Umbau auf 12 Volt in Erwägung zu ziehen. Als Ersatzteil sind sowohl die Grundplatten mit drei Spulen und Unterbrecherkontakt als auch die Ausführungen für die elektronische Zündung der ET3-Modelle lieferbar. Zünd- und Lichtspulen für die frühen Modelle sind ebenfalls lieferbar; allerdings gibt es diverse unterschiedliche Varianten. Fragen Sie Ihren Händler. Zündgrundplatten werden gewöhnlich nach der Zahl der Spulen und der davon abgehenden Anschlüsse eingeteilt. Eine modifizierte Spule für die Zündanlage der 50-cm³-Modelle erzeugt einen kräftigeren Zündfunken und erleichtert so das Starten des Motors.

Unterbrecherkontakte gibt es in mindestens fünf verschiedenen Versionen; lang oder kurz, mit oder ohne mittigen Lagerbolzen usw. Die kompakte PX-Ausführung gab es immerhin auch in einigen 50 Special und V100 Sport.

Der Unterbrecherkontaktabstand beträgt bei den meisten Modellen 0,35 – 0,4 mm. Bei der ET3 und bei den folgenden PX-Modellen ersetzt ein Impulsgeber für die elektronische Zündung den Unterbrecherkontakt. Er ist mittels einer Schraube fixiert, die meist sehr fest angezogen ist, und das einzelne Anschlusskabel ist verlötet. Diese Teile sind normalerweise sehr zuverlässig. Sollten beim Fahren aber Fehlzündungen oder Leistungsmangel auftreten, wäre hier der erste Ansatz für die Fehlersuche.

Die Magnetkraft der Schwungradmagneten schwächt sich im Laufe der Zeit ab. Ein Schraubendreher sollte ab einem Abstand von etwa 25 mm spürbar angezogen werden.

Dieser Motor wurde einst mit einer PK-Grundplatte auf elektronische Zündung umgebaut. Obwohl es sich hier um ein relativ neues Teil handelt, ist es dennoch durch zerbröselnde Kabel und mangelhafte Lötverbindungen stark reparaturbedürftig. Für in die Jahre gekommene Bauteile der elektrischen Anlage ist Austausch in der Regel die beste Lösung.

Unterbrecherkontakte gibt es in vielen unterschiedlichen Ausführungen, aber alle werden mit einer Schraube auf der Zündgrundplatte befestigt (weißer Pfeil). Diese Version hat eine zusätzliche Einstellschraube (gelber Pfeil), deren exzentrische Ausführung eine einfachere Feineinstellung des Kontaktabstands ermöglicht. Die meisten Kontakte haben jedoch einen einfachen Schlitz, um mit einer dort eingeführten Schraubendreherklinge die erforderliche Justierung vornehmen zu können

Je nach Bauart müssen die Anschlusskabel der Kondensatoren entweder angelötet werden oder sind bereits werksseitig unlösbar verbunden.

Um Kurzschlüsse zu vermeiden, sind an manchen Stellen Scheiben und Unterlagen aus Isolierwerkstoff eingesetzt. Achten Sie beim Zerlegen auf ihre Einbaulage.

Der Kondensator wird entweder einfach in die Grundplatte eingepresst oder ist wie hier im Bild mit einer Schraube befestigt.

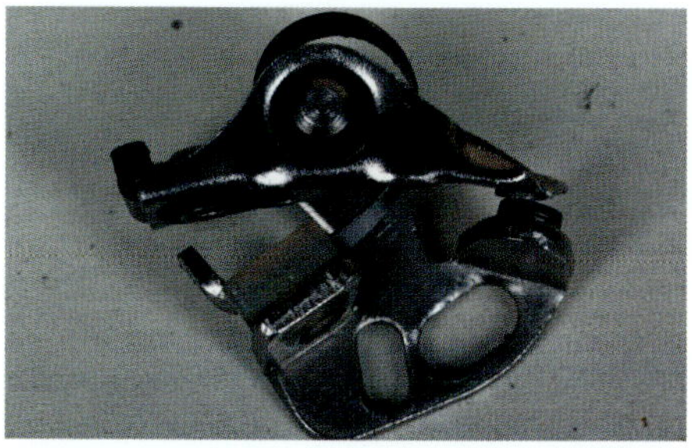

Die preisgünstigen Unterbrecherkontakte werden bei einer Überholung generell ausgetauscht. Der hier abgebildete Kontakt ist deutlich verzogen. Vor dem Einbau eines neuen Kontakts sollten die Kontaktflächen gereinigt werden. Sie sind aus Korrosionsschutzgründen leicht eingeölt und müssen daher mit Bremsenreiniger o. ä. entfettet werden.

Ähnlich wie der Unterbrecherkontakt sollte auch der preiswerte Kondensator prinzipiell ausgetauscht werden.

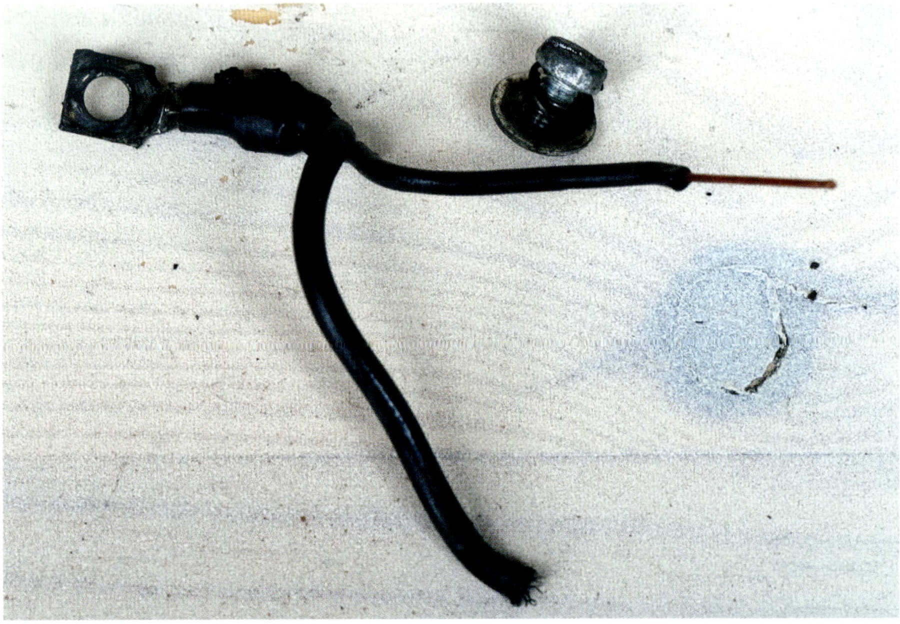

Wie bereits erwähnt, können sich auflösende Kabel zu einem Problem entwickeln. Dieses Kabelstück sah völlig intakt aus, solange es noch mit dem Unterbrecherkontakt verbunden war; fiel aber beim Ausbauen der Grundplatte einfach heraus …

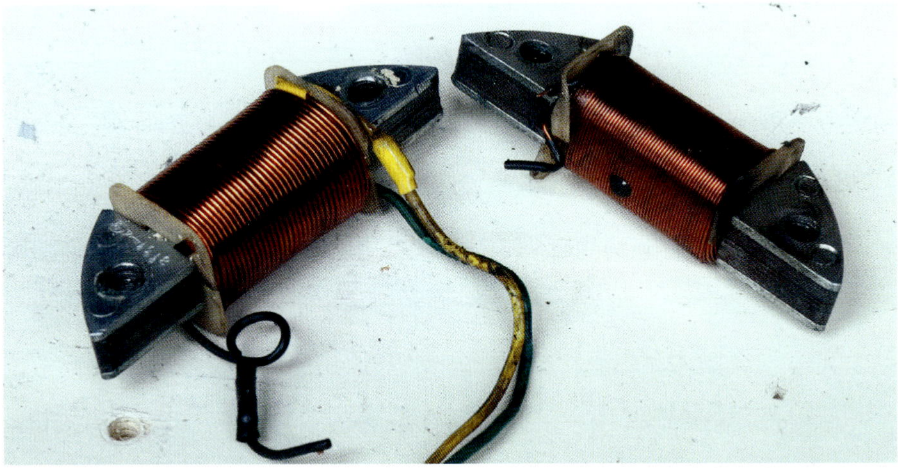

… und ähnlich verhielt es sich mit den Spulenanschlüssen. Bei der Originalausstattung handelte es sich nicht immer um Spitzenware, daher sollten Sie bei der Elektrik kein Risiko eingehen. Austauschen oder gleich durch bessere Teile ersetzen ist auf lange Sicht die beste Lösung.

ZÜNDKERZE/ZÜNDKABEL/ ZÜNDSPULE

Serienmäßige Motoren laufen sehr gut mit der NGK-Zündkerze B6HS oder einer gleichwertigen Ausführung eines anderen Herstellers. Falls der Roller längere Zeit Vollgas gefahren wird, ist der Einbau der kälteren Zündkerze B7HS angebracht. Das Zündkabel gehört ebenfalls zu den prinzipiell auszutauschenden Teilen. Es wird einfach in die Zündspule eingeschraubt, an der dafür ein Stift mit einem Gewinde vorhanden ist. Der Zündkerzenstecker war bei den frühen Modellen eine einfache offene Messingöse, die sich unter einer Gummiabdeckung befand. Später wurde ein metallummantelter, um 90° abgewinkelter Kerzenstecker verwendet. Dieser erwies sich als Störungsquelle und sollten gegen eine aktuelle Ausführung aus Kunststoff oder Silikon ersetzt werden.

An einigen Smallframe-Modellen ist eine innenliegende Zündspule verbaut, von der das Zündkabel direkt zur Zündkerze führt.

Die Zündspulen waren schon im Neuzustand nicht besonders zuverlässig, vorsorgliches Austauschen ist daher sinnvoll. Es gibt keinen Grund, an einem überholten Roller irgendwelche Schwachstellen zurückzulassen.

Bei den anderen Modellen ist die Zündspule außen am Motorgehäuse verschraubt; die jeweilige Ausführung ist einfach zu erkennen. Ersatzzündspulen können bereits mit einem Zündkabel versehen sein. Die Zündspule der ET3 ist in das Steuergerät der elektronischen CDI-Zündung integriert, daher sind neben dem Hochspannungskabel zur Zündkerze noch vier weitere Anschlüsse vorhanden. Diese Zündanlage ist vergleichbar mit der Ausführung der PX-Modelle.

12-VOLT-UMBAU

Auch wenn Sie jetzt schon eine Stange Geld investiert haben, sollten Sie noch über den Umbau auf eine 12-Volt-Anlage samt elektronischer Zündung nachdenken. Die führt zu einer Verbesserung des bei den Smallframe-Modellen etwas problematischen Startverhaltens, schafft hellere Beleuchtung und sorgt vielleicht für einen etwas geringeren Kraftstoffverbrauch. Theoretisch wäre es möglich, durch alleinige Änderung der Lichtspulen die Beleuchtung auf 12 Volt umzurüsten. Wesentlich besser allerdings ist der Kauf eines kompletten Umrüstsatzes beim Händler Ihres Vertrauens.

Im Bild ist ein PK-Pickup zu sehen, der in einem 12-Volt-Umbau mit elektronischer Zündung verwendet wird. Ein konstanter Zündzeitpunkt und dauerhafte Zuverlässigkeit sind der Vorteil.

Vergewissern Sie sich aber, dass der Satz auch auf den Kurbelwellenzapfen eines V-Serien-Motors passt und nicht für den späteren größeren Kurbelwellenkonus gefertigt ist. Der Umbau erfordert auch einen Regler, neue Licht- und Bremslichtschalter, andere Glühlampen, eine CDI-Einheit und einige Änderungen am Kabelbaum. Sollten Sie sich schon bei Beginn der Restaurierung für diesen Umbau entscheiden, kann bereits ein zur neuen Elektrik passender Kabelbaum erworben und verlegt werden.

Bei einem 12-Volt-Umbau muss ein Spannungsregler verwendet werden. Die PX-Ausführung mit ihren drei Anschlüssen passt und ist auch lieferbar, fällt aber etwas sperrig aus. Kompaktere Zubehörregler gibt es allerdings ebenfalls. Erkundigen Sie sich dazu bei Ihrem Händler.

Kapitel 8
Räder

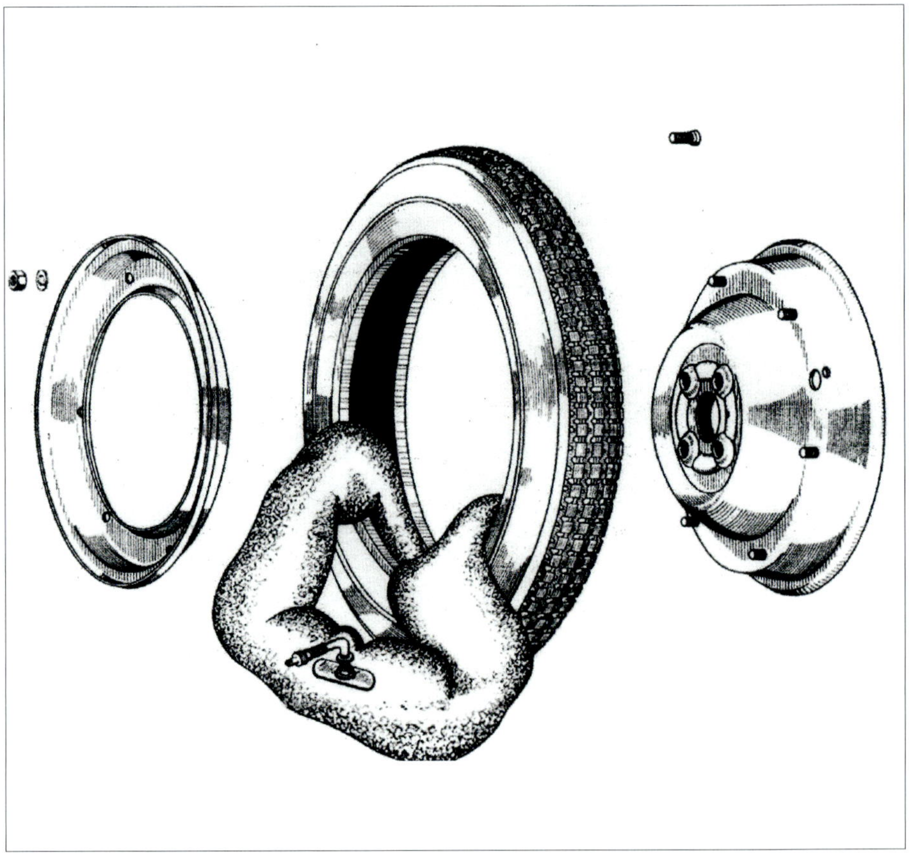

Zu Beginn waren die meisten Smallframe-Modelle mit geschlossenen Felgen ausgerüstet, die mit der Nabe verschraubt war.

FELGEN

Die Smallframe-Modellen wurden über die Jahre hinweg mit etlichen unterschiedlichen Felgen ausgerüstet, die sich allerdings in zwei verschiedene Ausführungen unterteilen lassen. Eine Variante ist die geschlossene, gepresste Stahlfelge mit fester Nabe und einem abnehmbaren Felgenkranz. Sie ist auf der Explosionszeichnung abgebildet. Die Felgengröße betrug ursprünglich 9 Zoll, eine heute recht exotische Dimension mit nur sehr begrenzter Reifenauswahl. Reproduzierte 9 Zoll-Felgen sind mittlerweile wieder erhältlich, genauso wie ein Umbau auf die 10 Zoll der späteren Modelle. Die zweite Version ist eine offene Felge, die an den außenliegenden Befestigungspunkten der Bremstrommel verschraubt wird. Um die Sache zu verkomplizieren, gab es diese Felge anfangs ebenfalls in 9 Zoll. Sie wurde später durch die 10-Zoll-Ausführung der Largeframe-Modelle ersetzt. Die 9-Zoll-Ausgabe wird an vier Stehbolzen an der Bremstrommel verschraubt, die 10-Zoll-Variante dagegen an fünf. Ziehen Sie die Funktionalität der Originalität vor, können Sie mit einer entsprechenden Umrüstfelge den Rad-

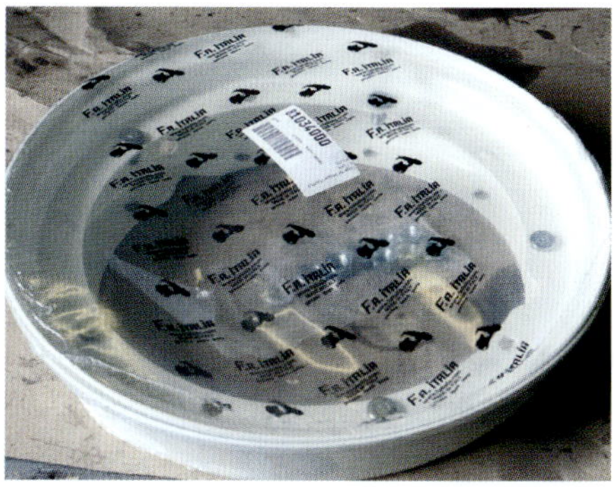

Ersatzfelgen werden von vielen Herstellern angeboten. In Italien produzierte Ausführungen gelten weithin als die qualitativ besten.

durchmesser ändern.

Falls die Originalfelgen wiederverwendet werden sollen, müssen sie sorgfältig auf Korrosionsschäden überprüft werden. Starker Rostbefall bedeutet in der Regel den Austausch der Teile. Kontrollieren Sie auch die Befestigungsbohrungen, denn sie können oval aufgeweitet sein, wenn die Verschraubung in der Vergangenheit nicht richtig festgezogen war. Originalfelgen von Piaggio sind deutlich stabiler als so manches Repro-Teil.

REIFENWECHSEL

Die Reifen der Smallframe-Modell sind schmal und können trotz geteilter Felgen bei der Montage etwas störrisch sein. Die Bildabfolge zeigt die Verwendung von Schmierseife als Montagehilfe, aber eine Tube spezieller Reifenmontagepaste ist nicht allzu teuer und eine Überlegung wert, sie anzuschaffen.

Felgen werden sowohl im originalen Grau als auch in weiteren Farben und Oberflächenausführungen geliefert. Wird eine besondere Farbgebung gewünscht, wird mit einem Schleifpad die vorhandene Farbe aufgeraut und anschließend überlackiert.

Das Reifenangebot für die 10-Zoll-Felgen erstreckt sich von sportlichen über klassische Profile bis hin zu Stollenreifen für den Geländeeinsatz.

Kaufen Sie qualitativ hochwertige Schläuche; besonders Billigangebote aus Fernost taugen nicht viel. Hier sollte wirklich nicht am falschen Ende gespart werden.

Tragen Sie vor dem Aufziehen des Reifens etwas Schmierseife auf den Reifenwulst auf. Damit wird die Montage des Reifens auf die Felge erheblich erleichtert.

Drücken Sie den Reifen in die tiefere Felgenhälfte mit der Ventilöffnung. Dann legen Sie den Schlauch in den Reifen ein und führen das Ventil durch die Aussparung nach außen.

Der Schlauch wird etwas aufgepumpt, um ihn in Form zu bringen. Damit wird verhindert, dass er beim Zusammenschrauben der Felgenhälften zwischen ihnen eingeklemmt wird. Allerdings darf er nicht zu prall sein, da sich sonst die andere Hälfte nur schwer aufsetzen lässt. Achten Sie darauf, dass das Ventil richtig ausgerichtet bleibt.

Jetzt wird Schmierseife auf die zweite Seite aufgetragen und die zweite Felgenhälfte aufgelegt. Dazu wird etwas Kraft erforderlich sein, aber wenn die erste Mutter einmal gefasst hat, geht es leichter. Die Federringe unter den Muttern nicht vergessen!

Nach dem Festziehen aller Muttern – stets über Kreuz und nicht reihum – wird der Schlauch mit etwas mehr Druck als normal aufgepumpt, um den Reifen richtig in seinen Sitz rutschen zu lassen. Anschließend die Luft wieder ablassen und erneut auf den vorgeschriebenen Druck aufpumpen. Der vorgegebene Druck liegt bei 1,25 bar vorn und 1,75 bar hinten. Diese Werte dienen als Ausgangspunkt, und der Reifendruck kann später an das eigene Gewicht und den Fahrstil angepasst werden.

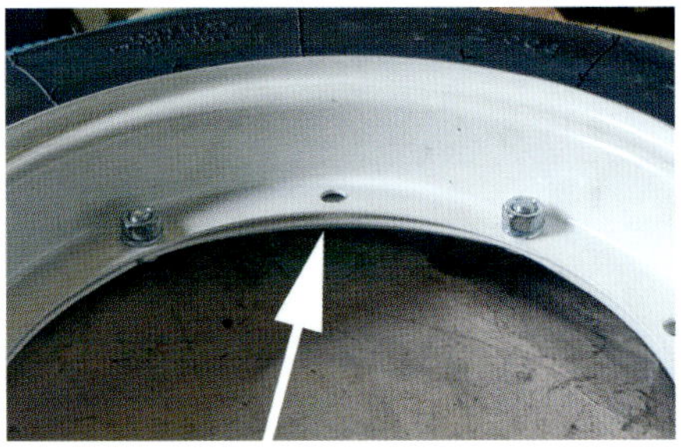

Nachgefertigte Felgen können sich zwischen den Verbindungspunkten aufwölben, weil sie aus dünnerem Stahl hergestellt sind als die Originalteile. Sobald die Felge an die Trommel geschraubt wird, verschwindet diese Verformung.

Einbaufertig – oder auch nicht. Bei nachgefertigten Felgen fluchten mitunter die Befestigungslöcher nicht sauber und erfordern daher für die Montage auf der Nabe noch etwas Nacharbeit.

STEHBOLZENAUSTAUSCH

Die auf den Bildern gezeigte Bremstrommel ist eigentlich eine PK-Ausführung, die nach den V-Modellen produziert wurde, aber die Vorgehensweise beim Austausch der Stehbolzen ist bei beiden Versionen identisch. Nach dem Einbau eines neuen Stehbolzens und dem Trocknen des Sicherungsmittels wird das rückwärtige Bolzenende mit einem scharfen Meißel gesichert. Dazu werden zwei um 90° versetzte Kerben eingeschlagen, die das Bolzenende etwas aufweiten und ihn so am Herausdrehen hindern.

Ein größeres Problem liegt vor, wenn an Rollern mit geschlossener Felge die Gewinde der Radbefestigung defekt sind. Falls nur die Gewinde der Radschrauben beschädigt sind, gibt es dafür kostengünstigen Ersatz. Sind aber die Gewinde in den Radaufnahmen – die ja Bestandteil der Vorder- und Hinterachse sind – in Mitleidenschaft gezogen, wird die Instandsetzung deutlich komplizierter und teurer. Vielleicht kann mit einem passenden Gewindeschneider nachgearbeitet werden, aber da die Aufnahmen nur eine geringe Materialstärke haben und das Ganze sicherheitsrelevant ist, sollten hier keinerlei Kompromisse gemacht werden. Um einen Austausch führt dann kein Weg vorbei.

Die Radbefestigungsbolzen an der Nabe reißen gern ab oder sind durch Korrosion an der Kontaktstelle mit der Felge beeinträchtigt.

Gelegentlich werden beschädigte Stehbolzen durch Schrauben ersetzt, die von der Rückseite in die Nabe eingedreht werden.

Das hintere Bolzenende wird entweder wie gezeigt vernietet sein oder ist mit über Kreuz liegenden Kerben gesichert.

In beiden Fällen wird mit einem passenden Bohrer das hintere Bolzenende abgebohrt.

Versuchen Sie, mit zwei gegeneinander gekonterten Muttern von der Felgenseite her den alten Stehbolzen herauszudrehen. Er kann sehr fest sitzen, und der Einsatz von Rostlöser und einer Gripzange führt vielleicht eher zum Erfolg. Damit wird dann aber das Gewinde des alten Bolzens zerstört.

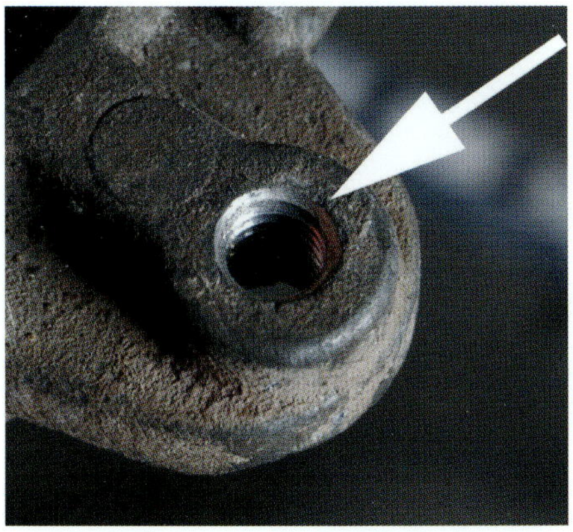

Das Gewinde muss genau überprüft werden. Der Ausbau des alten Bolzens sollte es aber nicht beschädigt haben.

Auf das Gewinde des neuen Stehbolzens wird vor dem Einbau in die Nabe etwas Gewindesicherungskleber aufgetragen.

Mit zwei gegeneinander gekonterten Muttern wird der neue Bolzen eingeschraubt. Belassen Sie die Muttern auf dem Bolzen, bis der Sicherungskleber ausgehärtet ist.

Motoretta - das ultimative Roller-Magazin

Jetzt 3 Ausgaben gratis probelesen!

Bestellen unter 0711/ 72 52- 261 oder motoretta@zenit-presse.de

Bitte geben Sie die Kennziffer 180/1 an

Wenn Sie die Zeitschrift nach der dritten Ausgabe weiterlesen möchten, brauchen Sie nichts weiter zu unternehmen und Sie erhalten sie automatisch weiterhin monatlich zum günstigen Vorzugspreis von nur 28,- € (Ausland 36,- €), also 10% günstiger als beim Einzelheftkauf, jederzeit kündbar. Sollten Sie die Zeitschrift nicht mehr lesen wollen, teilen Sie dies bitte spätestens 10 Tage nach Erhalt der dritten Ausgabe mit.

Vertrauensgarantie: Dies ist ein Angebot der DoldeMedien Verlag GmbH, Geschäftsführer K. Kuffer, R. Hradek, 70327 Stuttgart, Postwiesenstraße 5A, HRB 13380. Mir ist bekannt, dass ich diese Bestellung innerhalb von 14 Tagen ohne Begründung bei DoldeMedien Verlag GmbH, Postfach 810640, 70523 Stuttgart, kundenservice@zenit-presse.de, in Textform (z.B. E-Mail, Brief, Fax) oder durch Rücksendung der erhaltenen Hefte widerrufen kann.

www.motoretta.de

Roller Szene

Dein großes Roller-Magazin.

Aktuell | Informativ | **GRATIS.**

Jeden Monat NEU bei deinem Roller-Händler.

www.rollerszene.net

Die RollerSzene ist eine Publikation der Syburger Verlag GmbH, Hertinger Str. 60, 59423 Unna, Tel.: 02303 98550, Mail: rollerszene@syburger.de | Amtsgericht Hamm, HRB 3216, Geschäftsführer: Ulf Mommertz, Dr. Michael Werner.

Jetzt Kataloge downloaden oder bestellen:

> http://bit.ly/katalogsip KLASSIK VESPA KATALOG, 940 Seiten
> http://bit.ly/modernvespa13 MODERN VESPA KATALOG, 260 Seiten
> http://bit.ly/lambrettasip LAMBRETTA KATALOG, 20 Seiten

Schraubertips in unserem YouTube Tutorial Kanal:
youtube.com/sipscootertutorial

S.I.P.

www.sip-scootershop.com

S.I.P. green we do care.
www.sip-scootershop.com/sustainability

Abonnier uns: YouTube
youtube.com/scootershop

Werde Fan: facebook
facebook.com/scootershop

www.vespa-schmiede.de

IHR SPEZIALIST FÜR VESPA-TEILE!

Wir sind Ihr Ansprechpartner in Sachen Vespa mit langjähriger Erfahrung und bieten Ihnen Ersatzteile & Nachfertigungen zum fairen Preis. Mit mittlerweile zehntausenden Kunden haben wir uns eine starke Vertrauensbasis geschaffen und viele Stammkunden gewonnen.
Lassen auch Sie sich von unserem Service und dem schnellen Versand überzeugen – wir freuen uns auf Sie!

Ihr Team der Vespa-Schmiede

MOTORTEILE • DICHTUNGEN

REIFEN • BELEUCHTUNG • ZUBEHÖR

STOSSDÄMPFER • RAHMEN • ANBAUTEILE

BLINKER • EMBLEME

WWW.VESPA-SCHMIEDE.DE

STOSSDÄMPFER • RAHMEN • ANBAUTEILE

BLINKER • EMBLEME • MOTORTEILE

DICHTUNGEN • REIFEN

Vespa-Schmiede

VESPA SCHMIEDE GOSLAR

VESPA-SCHMIEDE · MARKTSTRASSE 14 · 38640 GOSLAR · WWW.VESPA-SCHMIEDE.DE · HENRY@VESPA-SCHMIEDE.DE

Mit UNS wird Euer Blech

richtig schnell!

LTH
Lambretta & Vespa Parts
www.lambretta-teile.de

Seit über 10 Jahren sind wir im Rollerrennsport und in der Produktentwicklung erfolgreich.

Profitiert von unserem Know-How in allen Bereichen wie Smallframe, Largeframe und natürlich auch Lambretta. Wir beraten Euch gerne!

Über 10000 Tuning- und Ersatzteile für Vespa & Lambretta Schaltroller findet Ihr unter:

www.lambretta-teile.de

Vespa in Love

Die Vespa-Chronik – nun schon in der dritten und erneut erweiterten Auflage – ist aber viel mehr als bloß ein Katalog der in den vergangenen 70 Jahren gebauten Kultroller. Hier finden Sie alles über dne historischen Kontext, Bilder aus den legendären Vespa-Kalendern, Anekdoten und Prominente, allerlei über die Rolle der Vespa in der Kunst, im Film und in der Musik.

496 Seiten, zahlreiche farbige Abbildungen, gebunden, 250 x 277 mm, ISBN 978-3-95843-297-0

EUR 49,95

Seit 70 Jahren wird diese italienische Ikone nun schon gebaut, und Millionen hatten und haben ihre Freude an den agilen, schicken und sympathischen Rollern. Dieser Band zeigt alle Vespas aus sieben Jahrzehnten, vom Urtyp namens „Paperino" bis zu den aktuellen Sprint-, Primavera- und GTS-Modellen.

256 Seiten, ca. 550 Fotos, gebunden, 222 x 275mm, ISBN 978-3-95843-298-7

EUR 9,99

Dieser kompakte Ratgeber ist ein unverzichtbares Hilfsmittel vor und beim Kauf eines gebrauchten Piaggio Scooters. Enthält die wichtigsten und hilfreichsten Insider-Informationen darüber, worauf man beim Kauf achten muss, um böse Überraschungen zu vermeiden.

64 Seiten, 148 x 210 mm, Softcover, ISBN 978-3-95843-709-8

EUR 12,–

Die eingeführte Ratgeberreihe präsentiert sich wie gewohnt in kompakter Form und als unverzichtbares Hilfsmittel bei der Beurteilung des Zustandes eines zum Verkauf stehenden Vespa-Motorrollers.

64 Seiten, ca. 100 farb. Abbildungen, 138 x 195 mm, Paperback ISBN 978-3-86852-491-8

EUR 12,–

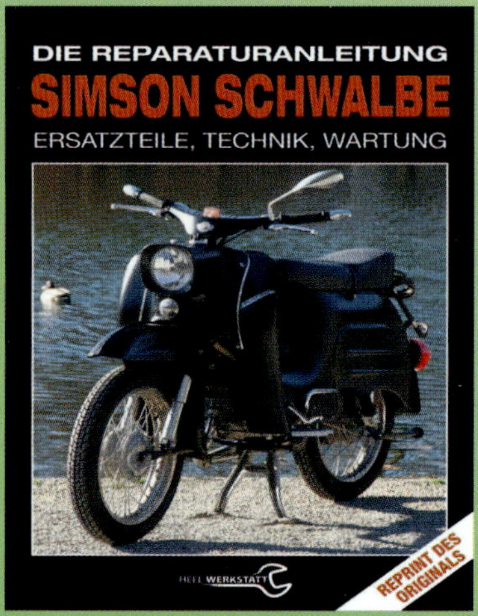

In diesem Band finden Schrauber alles Wissenswerte über Aufbau und Funktion, Zerlegung und Zusammenbau, Reparatur und Wartung. Das Reprint der Original-Anleitungen enthält anschaulich bebildert Schritt- für Schritt-Anleitungen zu sämtlichen Baugruppen vom Motor über den Rahmen und die Bremsen bis hin zu Elektrik und Zündung.

520 Seiten, ca. 400 s/w-Fotos und Abbildungen, gebunden, 168 x 251mm, ISBN 978-3-95843-311-3

EUR 24,99

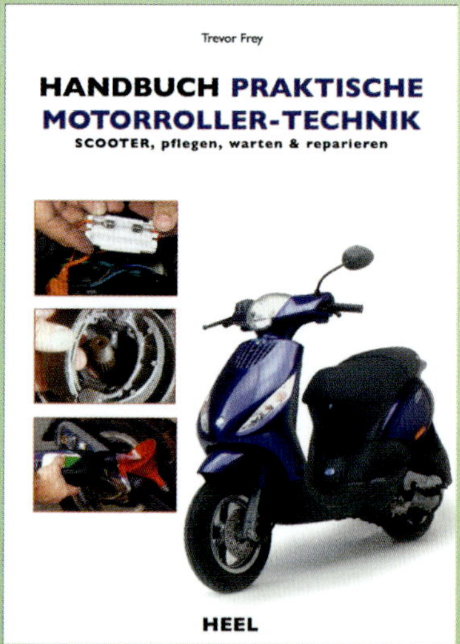

Im Buch werden Wartungs- und Reparaturarbeiten an den verbreitetsten Roller-Typen in den Bereichen Motor, Fahrwerk, Reifen, Elektrik und Bremsen leicht verständlich und ausführlich bebildert erklärt.

80 Seiten, ca. 160 farbige Abbildungen, 148 x 210 mm, Softcover ISBN 978-3-86852-612-7

EUR 9,99

Unser komplettes Programm erhalten Sie in jeder Buchhandlung und unter www.heel-verlag.de
HEEL Verlag GmbH | Gut Pottscheidt | 53639 Königswinter

Auch einer unserer Arbeitsplätze.

Wir beschäftigen uns in jeder Ausgabe intensiv mit Autos – und Motorrädern! Aber nicht nur deshalb haben wir die stärkste Redaktion unter Deutschlands Oldtimer-Magazinen. Sondern auch, um unseren Lesern jeden Monat die Qualität bieten zu können, die sie von Europas größter Oldtimer-Zeitschrift erwarten können. Mit Lust, Leidenschaft – und viel Liebe zum Detail.

Viele starke Seiten.

OLDTIMER MARKT
EUROPAS GRÖSSTE ZEITSCHRIFT FÜR KLASSISCHE AUTOS UND MOTORRÄDER

PURE SCOOTERING

Dein Vespa Shop von Rollerfahrern für Rollerfahrer seit 1992.
Alle Vespa Ersatzteile ganz einfach über **Explosionszeichnungen** finden und online bestellen.
Tips, Tricks, Downloads, Ersatz- und Tuningteile aller namhaften Hersteller in unserem Webshop.

- DHL & UPS - günstige Express-Lieferung
- Sichere und einfache Zahlung per Rechnung, Kreditkarte, Nachnahme oder Paypal

Home of bgm

SCOOTER CENTER

www.scooter-center.com +49 (0) 22 38. 30 74 30